JN018052

QU'EST-CE QU'UNE PLANTE ?

そもそも植物とは何か

Florence Burgat
フロランス・ビュルガ 著
田中裕子 訳

河出書房新社

そもそも植物とは何か——目次

そもそも植物とは何か

わたしたちは足が不自由な者に対しては苛立たないのに、心が不自由な者に対しては苛立ってしまう。それはどうしてか。足が不自由な者はわたしたちがまっすぐ歩いていることを知っているが、心が不自由な者は不自由なのはそっちのほうだなどと言いだすからだ。そんなふうでなければ、こちらだって怒りではなく「慈悲心」をもって接してやるのだが。

ブレーズ・パスカル『パンセ』

はじめに

植物は「もの」ではない。生きている。だが、植物とはいったいどういう生物なのだろう？　植物の生命は「個体化」されておらず、ネットワークでつながっている。いたるところに中心があり、周辺はどこにもない。植物はわたしたち人間の想像を絶する存在だ。成長するにつれて姿形を変え、あちこちへ拡散していく。いつまでも分岐しつづけ、枯れたかと思ったらまた再生する。植物界を支配するのは「死」ではなく、むしろ「潜在的な不死」だ。[1] 群生する植物を見ればそれがよくわかる。群れ（コロニー）を構成するそれぞれの個体の生命を超えて、その群れ（コロニー）は生きつづける。木の場合も同様だ。木の発芽を止められるのは外的要因だけで、一直線に伸びつづけるその成長を妨げるのは物理的な限界だけである。[2] 現存する最古の木は、旧約聖書の登場人物にちなんで「メトシェラ」と名づけられたマツとされるが、樹齢五千年近いのにいまだ衰える兆しを見せない。[3] ジョルジュ・カンギレムの定義にしたがい、「死すべき存在」であり、個体化され、「誕生と死によって生命が区切られている」(4)ものを「生物」と呼ぶとしたら、植物は生物ではない。自発的に動いたり自由に移動したりできない植物にとって、今そこにいるのは「たまたまいる」のではなく「いなくてはならない」からいるのだ。植物は成長し、大きく高く太くなり、増殖し、姿形を変えるが、自分からは動かない。これは決して瑣末なことではない。生命とは存在のありかたそのものだからだ。本書ではこの現象学的な真実にもとづいて、植物の生命の特徴について考察していきたい。

近年、「植物は、人間や動物と同じように生き、苦しみ、死ぬ」と主張する書籍が何冊も刊行されており、世間で大きな反響を呼んでいる(5)。こうした「ネオ・アニミズム的」というべき「信仰」は、「自然の擬人化」という一種のブームの表れとして研究の対象にもなっているが、その実態は取るに足らないものだ。こんなことには何の意味もない。実際、この「信仰」の布教者たちは誰ひとりとして、植物を苦しめるのをやめるよう「信者」たちに勧めたり、自らそう決断したりしていない。植物の利用目的は無数にあるが(6)、その頻度と重要性がもっとも高いのが食用だろう。だが、たとえ彼らが「もう植物は食べない、動物しか食べない」と決心したとしても、その動物たち自身がすでに大量の植物を摂取しているので、いずれにしても彼らの意図するようにはならない(そもそも意図してもいないようだが(7))。こうした植物保護主義者たちは口ばかり達者で、やっているのはふつうの人たちと変わらないのである。

こうした植物に対する「寛大な姿勢」によって浮き彫りにされるのは、「生物はみな同じように苦しい思いをする。なのに人間や動物は守られて、植物だけがなおざりにされるのはおかしい。だったら、どんな生物に何をしてもかまわないだろう」という主張だ。これを突き詰めると、場合によっては「何を捕食しても倫理上は間違っていない」事態にもなりかねない。この危険な主張によって今後起こりうることを予想するより、すでに起きている実例を挙げておきたい。『樹木たちの知られざる生活』（早川書房）の著者、ペーター・ヴォールレーベンは、「シカに食べられたナラの苗木は、オオカミに食べられたイノシシと同じように苦しみながら死ぬ[8]」と述べている。一方、『肉食の哲学』（左右社）の著者、ドミニク・レステルは、ターゲットを菜食主義者に絞ってこう糾弾している。

「菜食主義者は植物を食べながら、自分は植物を殺しても苦しめてもいないと思いこんでいる。だが、植物も死すべき運命を持つ生物だ。（中略）ウサギを苦しめるのは倫理的に間違っていて、ニンジンを苦しめるのは倫理的に正しいなどと、どうしたら言えるだろうか？[9]」

さらに『植物の生の哲学』（勁草書房）の著者、エマヌエーレ・コッチャ[10]は、「人類はほかの生物の〈肉を引きはがす〉ことなく生きることはできない」と述べている。

「否定的な言いかたをすれば、わたしたちはつねにほかの生物、つまり動物や植物を犠牲にして生きている。（中略）肯定的な言いかたをすれば、鶏やサラダ菜はわたしたちの人生によって第二の生命を生きている[11]」

こうした考えかたは世間で広く受け入れられ、いまや動物の苦しみについて言及するたびに「え、じゃあ、植物は？」と反論されるようになってしまった。だが、肉体と血液を持つ個体の苦しみに対して、直観的、哲学的、科学的な根拠がないにもかかわらずすぐに「植物の苦しみ」を結びつけるのはかなり困った事態だと言える。わたしたちはかなり前から、動物の行動にはその裏の精神性が感じられることに気づいていた[12]。それが突然、まるで植物と動物の違いがわからなくなったかのように、差異が見分けられなくなったかのように、区別ができなくなったかのように、みんながふるまうようになったのだ。

さらに驚くべきことに、最近では「ニンジンの悲鳴が聞こえないのか」などと菜食主義者を揶揄(やゆ)するのが一種のブームになっているらしい。非現実的な馬鹿げた言い分だが、ほとんどの場合、その狙いは「動物が悲鳴を上げているだなんて、頭がおかしい人間の想像上の産物だ」と、動物愛護を掲げる菜食主義者を批判することにある。ニンジンの悲鳴が聞こえるのが幻想であるなら、動物の悲鳴が聞こえるのも幻想にすぎない、つまり、「野菜を食べるのを拒否するなんて馬鹿げていると言うなら、動物を食べるのを拒否するのだって同じだ」と言いたいのだ。結局のところ、デカルト流に言えば「動物の悲鳴は噛み合わない歯車が立てるきしみ音にすぎず」、それは「枝を折られたり根を引っこ抜かれたりした植物の沈黙とたいして変わらない」のだろう。だが、動物と植物の生命を同一視するとしても、「植物の命は動物の命と同等だ」と言うのと「動物の命は植物の命と同等だ」と言うのとでは、正反対の効果を示すことが多い。前者の場合、個体化および主体化された生命と「自我」という特徴が付与されるため、植物の生物としてのレベルは向上する。後者の場合、逆に動物のレベルは低下する。植物は生物界の最下層に位置しているからだ。

人類学および動物学的に見て、動物界と植物界のどちらに属するかよくわからない生物がいるのは確かだが[13]、だからといって「植物もやさしさを示したり、苦しみを味わったりする」と主張するのは、決して越えてはならない境界線を越えている。植物は苦しまない。苦しみとは、個体としての生物によって「実際に経験されるもの」だ。また、植物には「限られた意味での死」しかない。古代ギリシアの哲学者、テオプラストスはこう言及している。

「あるとき、火で燃やされたオリーブの木が、枝を伸ばし、葉を出して、見事に生命を蘇らせた。一方、ボイオティア地方では、キリギリスに新芽を食べられてしまったオリーブの木が、すっかり衰弱していたのに再び発芽した[14]」

「限られた意味での死」は死ではない。死とは、決して後戻りできない、絶対的で不可逆的な終末だ。動物や人間は生きているか死んでいるかのどちらかでしかない。確かに、ぴくりとも動かないように見える肉体の生死について医者が自問したり、「脳死と判定された場合は、心臓が動いている肉体からでも臓器を摘出してかまわない」と倫理委員会が決定したりすることもある。しかしだからといって、生物学的に見て、個体としての生物は「まだ生きているか、あるいはもう死んでしまったか」のどちらかである事実は変わらない。

それに比べて植物の場合、ずいぶん前に果実から収穫されてすっかり乾燥してしまった種子でも、土のなかに埋めればまた再生する。たとえば小麦の種子は、生まれ変わるために一旦死ぬ必要すらある。地面の下で静かに生きつづけ、突然芽を出してわたしたちを驚かせる植物もある。伐採された木の根株から新しい若芽が出たり、新しい形成層が作られたりする。幹に別の木が入りこんで共生することもある。この点についてはテオプラストスもこう述べている。「木の一部がほかの木と合わさってひとつになっている姿をよく見かける。それから、木の表面に切りこみを入れてそこに石などを入れると、やがて外側に作られる新しい組織に飲みこまれて姿が見えなくなってしまうのもよくあることだ(15)」

まるで自らが物象化するのを意に介さないかのように、木は「もの」になりながらも生きつづける。「木製ドアの蝶番（ちょうつがい）付近から芽が出たり、焼きものの小皿のなかの泥に突っこんでおいた枝から芽が出たりするのを見たこともある(16)」

植物はどんな条件でも生きようとする。少しでも空いているスペースがあればそこへ潜りこみ、成長するための条件など気にかけず、決して諦めずに生きつづける。アスファルトのひび割れから小さな草が出てくるのを、きっと誰もが見たことがあるだろう。植物の生命は、自らの居場所に順応しながら、ある意味において嘘偽りなく、そしてシンプルにかつ絶対的にそこに存在する。植物の生命は、もっとも純粋な状態での「生命」と言えるだろう。

植物の生命について描写しようとすると、いつも語彙（ごい）の問題にぶつかってしまう。どう頑張ってもこの問題は避けられない。わたしたちが生命を描写するために使っているのは、動物界のために作られたことばだ。なぜなら、それはわたしたち人間が属する界（かい）であり、たとえ理解できない部分に「他者性」が入りこんでも、わたしたちがアクセスできるのはこの界しかないからだ。相手が精神を持っている個体化された動物であれば、他者であっても外側からの視点だけで描写しなければならないことはない。同じ語彙を使って理解するのは可能である。確かに、わたしたち人間とは大きく異なる動物もいる。人間なら窒息してしまう環境に生息する水生動物や、昆虫やクモのような節足動物について理解するのはやはり難しいだろう。だが植物の場合、その難しさは倍増する。それは、フランシス・アレが言うところの「本質的な他者性」のせいだ。

「わたしたちが使うことばさえも、植物には適していない。植物は、何かを〈知る〉ことも〈使う〉ことも〈必要とする〉こともない。何らかの〈目的〉や〈計画〉を持つこともない。わたしたちが使っているのは動物のことばであって、これは植物の真実を描写するには不適切である」[17]

　フランシス・アレは『植物礼賛』や『植物擁護論』などを著した植物学者だが、彼によると、植物がわたしたち人間から尊重されるのに人間に似る必要などないという。つまり、「植物を擬人化してしまうと、木の謎めいた姿に驚嘆したり、その秘密を探ろうとしたりしなくなるので[18]」植物の擬人化はすべきではないというのだ。植物の生命の持つ独自性は、意識があるか、自由に行動できるかで判断されるべきではない。

　そのうえ、多くの植物学者たちは、たとえ環境の変化に応じてさまざまな反応を示したとしても、植物に対して「行動」ということばを使うこと、そして、思考による判断が必要とされる「知性」

ということばを使うことを否定している。植物生態学者のジャック・タッサンはこう述べる。「知性とは、状況の変化に応じて自らの行動を調整する能力だ。これは、統合的な記憶力を必要とする学習能力によって学びとったさまざまな手段のなかから、新たな状況に立ち向かうための手段を選択する能力である。ところが植物に関しては、調整を行なったらしい痕跡が多少残る以外に、知性の存在を明らかにするものは何もない。いや、やはり植物には間違いなく知性などないのだ」[19]

動物の生命を手本にして植物を理解しようとするとき、わたしたちは自分たちが知っている概念にもとづいて「欠如的な分析」を行なう。そして動物や人間の生命に比べて、「植物は○○を持たない存在である」と否定的な定義をする。確かに、最初にこうして植物と動物を区別しておくのは、植物を本当の意味で理解するのに必要だ。だが、これは植物理解のスタート地点にすぎない。「欠如的な分析」だけでは、対象そのものを説明したことにはならないからだ。しかしこの否定的な定義は、少なくとも植物の生命について本当の考察を行なうための条件を明らかにしてくれる。

では、植物の生命をどのように考察すればよいのだろう？　擬人化するか、あるいは機械としてみなすか……その二者択一しかないのだろうか？　いやそんなことはない。植物は、たとえば「屈性（外からの刺激に反応して屈折する性質）」のように、動物や人間とはまるで異なる動きのメカニズムを持つ存在だ。そうした存在を理解するのに「隠喩（いんゆ）」に頼るのは有効だろう。ただし、あくまでもこれは「隠喩」にすぎない。わたしたちは本当の意味で植物の立場に立つことはできないのだ。フッサールが言うように、他者に「感情移入」するには、少なくとも「形態」と「行動」に共通点がなくてはならない。目でものを見て、耳で音を聞いて、四肢を使って移動し、行動を起こす……自由な意志によってこうした一連の行動をいつでも起こせるのが、「感情移入」と「類推」によって相手を理解する必要条件になる。わたしたちは、花の美しさに目が眩んだり、小さな種子から芽が出ることに不思議な感情を抱いたり、死すべき運命の者には考えられないほど長い時間と広い空間を支配する木の荘厳さに圧倒されたりすると、科学的な論証に詩的な表現を加えたくなる。だが、だからといって科学的な考察で植物の擬人化を行なうのは言語道断だ。科学か文学か、どのレベルで書いた文章かをはっきりさせるのが大切だ。

こうしたことから、三つの問題点が浮かび上がってくる。ひとつは、認識論に関するものだ。植物を理解するには、どのような科学的概念をもとに、どのようなことばを用いて考察すべきか？動物と植物を区別する境界線に、もしかしたら植物を理解するのに役立つ「手本」が見つかるのではないか？　植物と動物の「類推」によって両者のおおまかな違いを明らかにするのはよいとしても、「相同器官」（共通の起源に由来する器官）について考察したり、ましてや植物を「擬人化」したりすることに意味はあるのだろうか？　植物を化学的、物理学的、生物学的に分析することで、植物の生命の神秘に対するわたしたちの感動は消えてしまわないだろうか？　形態学（生物の形と構造を観察する学問）は、こうした最新の科学分析によって得られる情報とはまったく別の情報を与えてくれるが、この学問がかつてのように再興する機会はあるのだろうか？[20]　植物は「その単純な形」[21]によってすべてを提供しており、外見を観察さえすれば多くを理解できる生物とされる。ショーペンハウアーによると、植物はどんなものでも「全存在、あらゆる特徴、意志のすべて」〔どんな地形のどんな気候で生まれたか、種としての特殊な意志など〕をその姿形によって教えてくれる「馬鹿正直さ」を備えているという。一方、動物については、その行動や習性を長期にわたって観察しないとなかなか理解できない。そして人間の場合、理性という非常に高い隠匿（いんとく）能力を備えているため、観察するだけではその隠された秘密を知ることはできない[22]。だからこそ、「植物の外見は非常に興味深い[23]」のだ。形態学は、この学問の創始者のゲーテによると「有機体の形態、その形成過程、形態の変化を教えてくれる[24]」という。ある生物を部位ごとに理解して、それぞれの部位の概念を組みたてて再構築しても、その生物に生命を吹きこむことはできない[25]。生物の「部分」ではなく、「そのままの外見」を観察するのは大切なのだ。一方、「形態」〔ゲシュタルト〕は「動き」には関与しないが、生物界において変化しないものなど存在しないため、「形成過程」〔ビルドゥング〕と「形態の変化」〔ゲビルデッテ〕についても考察する必要がある[26]。物理化学的に物質を分析した情報が「知識」であるとすれば、知識だけでは「形態の独自性[27]」はわからない。別の言いかたをすれば、物理化学的な知識だけでは、自らの環境に向き合う生物の存在の意味を理解することはできないのだ。総体としての生物は、「部分〔ディヴィジョン〕ではなく、外見〔ヴィジョン〕でしか理解できない」のである[28]。

二つ目の問題点は、存在論に関するものだ。ここでは、植物について知るための条件について考えたり、植物の機能について科学的な説明以上のこと、つまり「植物性[29]」について哲学的な考察を行なうなどしていきたい。「欠如的な分析」以外に植物の生命を理解する方法はあるのだろうか？本書の第2部では、科学的および哲学的な見地から、植物が植物であるための基準、性質、資格について考えていく。個体性や自我を持っているか、移動はできるか、空間把握能力はあるか、意識はあるか、「実際の経験」をするのは可能か……。こうした基準、性質、資格はもともと動物を理解するためのものなので、比較研究を行なうことが必要になる。動物と同じ機能を植物に見いだすために「手本」を採用するのは、決して新しいやりかたではない。植物学の歴史においては二つの「手本」が対立してきた。ひとつは「類推」によるもの。ルネサンス、いや古代ギリシアにさかのぼる古いやりかたで、わたしたちにとってなじみ深い動物の体内器官を「手本」として植物の部位と同一視するやりかただ。そしてもうひとつは、植物そのものを「手本」として、体内器官を持たない有機体の機能の秘密を解きあかそうとするものだ[30]。こうして、すべての生物を同じグループにまとめて量的および質的な差異によってレベル分けするのをやめて[31]、さらに植物の擬動物化によって得られる「欠如的な定義」を捨てることで、わたしたちは新たな疑問に直面する。基本要素（土・水・火・空気）や天体との関係性の深さを考えると、もしかしたら植物は、純粋な「生命」の次元で考慮され、宇宙論的な側面から研究されるべき存在なのではないだろうか[32]？

そして三つ目の問題点は、自然物の「倫理的価値」と「法的権利」に関するものだ。自然環境に倫理的価値と保護される権利が与えられた今、感覚と意識と知性と苦しみの感情を持つ主体として、植物にも権利が与えられる時代になったのだろうか？　わたしたちは植物の生命を尊重すべきだろうか？　植物は「感じる」ことができるのか？　だとしたらそれはどういう意味で？　感覚を実際に経験しているのか、あるいはまわりにあふれるさまざまな刺激に対して反応しているだけなのか？　植物に「固有の利益」はあるのか？　「実際の経験」は得られるのか？　フッサールが動物を形容するのに用いた「意識がある生命の主体」として、植物にも「主体としての権利」が与えられるべきなのか？　植物に法的権利が付与されるには、倫理的に適切な基準を満たす必要がある。方法は二つ考えられる。ひとつは、植物保護主義者たちが、植物も動物と同じように「苦しんだり死んだりする」と証明すること。だがこれは言うまでもなく難しい。もうひとつは、「感覚がある生命」を、法的権利を享受する基準とすること。ただし「感覚がある生命」は、哲学的には「感情がある生命」すなわち「精神的な生命」とされるので、やはり植物に権利を与えるのは難しい。確かに、法実証主義的に考えれば、立法機関が決定さえすればたとえ無生物でも法の主体にするのは可能である。この場合、哲学的にも倫理的にも基準を満たす必要はない。だが、わたしたちが求めている「権利」はそういう類いではない。その「権利」は、植物そのものの存在価値をよりどころにしたものであるべきだ。立法機関の意向だけで決められてはならない。そういう意味で、わたしたちは法実証主義的というよりむしろ「法自然主義的」と言えるのかもしれない。本書の第3部では、第2部で明らかにされた存在論上の観点からこの問題を考えていきたい。植物保護の問題は「慈悲心」とは何の関係もない。ジャン＝ジャック・ルソーによると、「慈悲心」はわたしたち一人ひとりが「感覚がある」すべての生物に対して抱くべき感情だという。だがそれはあくまで「感覚がある生物」に対してだけだ。したがって、人間の活動のせいでますますエスカレートしていく自然破壊から植物界（それが生命体が群生する世界であることをわたしたちは忘れがちだが）を守るには、別の基準にもとづく必要があるのだ。

第1部　植物をどう認識すべきか

生命は、長い間ことばを持たなかった。ことばが生まれるずっと前から存在し、ことばとはずっと無縁でいた。描いたり、彫ったり、書いたり、印刷したりして人類が行なってきたこと、つまり、情報の伝達とは無関係のままだった。

今、わたしたちが知る生命は何に似ているのだろう。かつて、生命の外見を観察し、記録し、種ごとに分類していただけの頃とは違って、「肖像画」にはもう似ていない。肉眼でその機能を調べ、解剖していた頃とは違って、「構造物」や「機械」にももう似ていない。むしろ、今わたしたちが知る生命は、「文法」や「意味論」や「統語論」に似ている。（中略）物質に刻まれた意味のように生命を定義するのは、生命が単に形だけの存在ではなく、もともと目的を持っていて、もともとその存在本来の機能を持っているのだと認めることである。

ジョルジュ・カンギレム『生物と生命に関する科学史・科学哲学研究』

第1章　肖像画としての生命——観察・記録・命名・分類

植物は、自然科学におけるほかのあらゆる研究対象、あらゆる生物と同じように、さまざまな角度から認識することができる。植物を観察し、記録し、命名し、属や種に分類する学問が「植物学」だ。十八世紀の思想家で、植物学者でもあったジャン＝ジャック・ルソーは、遺稿となった『植物用語辞典のための断片』で、植物の目録作成と植物学との関係性についてこう述べている。

「植物の目録作成の意義を認めずに、植物学だけを肯定するのは、非常に馬鹿げた、矛盾した行為である」[1]

さらにルソーは、植物学における「ことば」の重要性について、書簡集『植物学についての手紙』に収録された一七七二年七月十六日付の書簡にこう記している。

「植物学は、単にことばを操るだけの学問にすぎないと言われている。植物に名前をつけて暗記しているだけではないか、というのだ。しかしわたしは、ことばをきちんと操らずに正しい科学研究などできないと思う。ある植物について、その構造をよく知りもしないのに適当な名前をつけたり論じたりする人間や、構造を熟知しているにもかかわらずその植物がその国で一般的に何と呼ばれているかを知らない人間を、はたして真の植物学者と呼べるだろうか？」[2]

ルソーは『植物用語辞典のための断片』の序文で、「真の植物学者たち」への献辞を述べている。ルソーがそう呼んだカロルス・クルシウス、ヴァレリウス・コルドゥス、アンドレア・チェザルピーノ、コンラート・ゲスナーの四人は、いずれも十六世紀後半のヨーロッパで活躍した植物学者であり、「それぞれが非常に役に立つ書物を著していて（中略）それらを読むと現在とほぼ同じ研究方法が当時すでに行なわれていたとわかる」という。[3] 同じ頃、ジャンとギャスパールのボアン兄弟も、世界各地の植物の調査に着手し、ジャン死去後の十七世紀前半に、植物学史上重要な書物となる『植物対照図表』を刊行している。

ところが、こうした研究者たちはそれぞれ独自のやりかたで植物の目録を作っていたため、「ほとんどの植物が、研究者ごとに異なる名称を持つ」[4] ようになってしまった。当時、多くの研究者が長期にわたって遠征調査旅行に出かけたおかげで、新種の植物が数多く発見された。しかしそれに比例して、大量のラテン語の植物名が植物学会にあふれかえるようになったのだ。

こうして、植物学は「巨大な迷宮[5]」と化した。この状況を打破しようと、一定のルールにもとづいたわかりやすい植物命名法を構築しようとしたのが、十七世紀後半に活躍した植物学者、ジョゼフ・ピトン・トゥルヌフォールだ。ところがトゥルヌフォールが作り上げた命名法は、その植物についてのあらゆる情報をすべて列挙するやりかただったので、ひとつの植物を言い表すのにラテン語を長々と（ときには数行にわたって）書き連ねなければならなかった。それは植物学者にとって大きな負担を強いる作業だったため、植物学という学問の存続すら危ぶまれるようになったほどだった。ルソーは当時の状況を示す一例として、十七世紀後半のイギリスの植物学者、レナード・プルークネットが命名した新種植物の長ったらしい名称を『断片』の序文に挙げている[6]。

十八世紀になると、博物学者のカール・フォン・リンネが、植物学を「薬学から脱却させる[7]」ための道を切り開いた。そのためにはまず、「まったくもって耐えがたい[8]」従来の命名法を抜本的に改革しなければならなかった。まず、植物の名称を徹底的に単純化させた。植物の名称は「説明」ではない。「学者気どりをするための道具[9]」でもない。「簡単で、わかりやすく、発音しやすい[10]」ギリシア語とラテン語による名称を、すべての植物に付与しなくてはならない。そして、すべての植物学者が、例外なく同じ方法を用いるようにならなければならない……。こうしてリンネは、二十一世紀の今も使われているシンプルな生物分類法を普及させるのに成功したのだ。

植物学は、十九世紀に入ると別の進化を遂げていく。とりわけ大きな変化をもたらしたのが、ユリウス・フォン・ザックスだ[11]。植物を観察・記録・命名・分類するのが目的とされる従来の植物学では、二枚の吸取り紙の間に植物を挟んで「植物標本」を作るのが定番の研究方法だったが[12]、ザックスの研究はそれとは一線を画していた（少なくとも概念上においては）。これまでのような植物の「構造」ではなく、「機能」（栄養摂取や生殖方法など）を研究する「植物生理学[13]」を確立したのだ。

命名法をめぐる紆余曲折のほかに、植物学には別の大きな問題があった。そのいわゆる「最初の不幸[14]」は、植物学は創始されたときからずっと医学の一分野だったという事実だ。かつての植物学研究では、純粋に植物そのものを理解するより、人間の健康維持に役立つ植物を探すほうが重要だった。ルソーが「真の植物学者たち」と呼んだ人々は、ほとんどが医者でもあったのだ。それに加えてもうひとつ、植物学者の正しい考察を妨げる危険な罠（わな）があった。ルソーは『植物用語辞典のための断片』の「花」の項で、わたしたちの想像力が思考にどれほど大きな影響を与えるかを述べている。花について正しく論じるには、まずはその花の「鮮やかな色彩、かぐわしい香り、洗練された姿形」に惑わされないよう気をつけなくてはならないのだ。古代ローマのキリスト教神学者、聖アウグスティヌスは、「他人に問われるまでもなく、わたしたちは時間についてよく知っている。ところが、誰かから『時間とは何か』と問われると、それに対して正しく答えることはできない」と述べている。ルソーはこのことばを引用したうえで、「花も、そしておそらく〈時間〉の犠牲となってあっという間に失われてしまう花の美しさも、これと同様なのだ[15]」と書き添えている。

前述した『植物用語辞典のための断片』の序文で、ルソーは奇妙なことに古代に刊行された書物にはいっさい言及していない。古代ギリシアの植物学者、テオプラストスの『植物誌』と『植物原因論』、古代ローマの博物学者、ガイウス・プリニウス・セグントゥスの『博物誌』（全三十七巻におよぶ大著で、薬用、装飾用、野生種、栽培種などの植物についての記載がある）、古代ギリシアの植物学者、ペダニウス・ディオスコリデスの『薬物誌』（六百種以上の植物を治療薬として紹介している）といった古代の「役立つ植物目録」については、ルソーは献辞を書くに値しないと考えたのだろうか？　だが、『孤独な散歩者の夢想』の「第七の散歩」で、ルソーはテオプラストスを「古代ギリシア唯一の植物学者[16]」と称している。

テオプラストスの研究の論拠は多岐にわたっている。自らが書いた観察記録以外に、ほかの人たちが遠方に出かけて収集してきた情報も多く使用されている。アレクサンドロス大王の東方遠征軍によってもたらされたエジプト、パレスチナ、シリア、ペルシアの情報、従軍歴史家であったカリステネスが記したバビロニアの情報などもその一部だ。だが、これらの情報にはかなり荒唐無稽なものも含まれていた（まっさきに思い浮かぶのは、歴史家のヘロドトスによる異民族についての記述だろう）。たとえば、大王の遠征軍から送られてきた情報にこういうものがある。

「インドの海洋植物は、水中から取り出して陽の光にさらすと、もともとの緑の色が消えて塩のようになってしまう。海辺には、本物と見分けがつかないほどそっくりの、石でできたイグサのようなものが生えている。（中略）さらに驚かされたのが、インドのとある樹木だ。その枝は雄牛の角のような色をして、ごつごつした小枝がつき、先端が炎のように赤く、軽く力を加えるだけで簡単に折れてしまう。火にくべると鉄のように白熱するが、驚いたことに火が消えて冷えてくると再び燃える前の状態に戻ってしまう[17]」

ほかにも、次のような大変おもしろい記述もある（一部省略しなくてはならないのが残念でならない）。

「あらゆる樹木のうちで、果実以外の物質をもっとも多く生成するのはナラだ。複数の虫こぶと（中略）フェルト状の物質が作られる。フェルト状の物質は小さくてふわふわした球体で、中心に固い核があるがまわりは柔らかい。黒い虫こぶと同じようによく燃えるので、現地ではランプを灯す原料として使われている。ほかに、ひげ根に覆われた小さな球体も生成される。こちらはとくに使い道はないが、春が来ると甘くてとろりとした汁まみれになる。枝の股の下には、小さくてカラフルな別の球体も生成される。中が空洞になった茎がついている場合もある。白っぽくて出っ張った臍（へそ）のようなものがいくつかついていて、真っ赤な底面には黒い斑点模様がある。内側は黒っぽくて、やや腐敗している。（中略）葉の上には、中央の葉脈に沿って白くて小さな球体が生成される。はじめのうちは半透明で柔らかく、水っぽいせいでハエがからめとられることもある。成長するにつれて固くなり、つるんとした虫こぶのようになる[18]」

こうした突拍子もないことを書いていたテオプラストスを、ルソーが「古代ギリシア唯一の植物学者」と呼んだのは、おそらく代表作『植物誌』の冒頭で植物の研究方法について書かれた「序文」によるのだろう。

「ある植物がほかの植物とどう違うかを見きわめ、その植物本来の性質を理解するには、その植物の部位、有益性、繁殖や生育のしかたを理解しなくてはならない。なぜなら植物は、動物と違って個々の特性を持たず、動き回りもしないからだ[19]」

テオプラストスにとって、植物と動物の類似点を探すのは絶対にしてはならないことだった。「植物は決して動物と比較して研究されるべきではない。そんなことをしているから、植物にいくつの部位があるのかいまだにわからないままなのだ。植物はどこからでも芽を出して生育できるというのに[20]」

こうしてテオプラストスは、一つひとつの植物の違いを理解するために綿密な研究を行なった。たとえば植物の根の性質について調べたうえで、その植物の栽培方法や、人間にとって役立つ活用方法を記述した。その結果、著書の『植物誌』は大人気を博し、さまざまな言語に翻訳され、多くの人々に読まれるようになった。哲学者で科学史家のジャン＝マルク・ドルーアンによると、これは植物学が薬用としての役割を重要視したおかげで発展した事実を示しているという。また、古代から中世にかけて農学がブームだったことも（古代ヨーロッパではウァロ、コルメラ、パラディウスらによってそれぞれ『農業論』が書かれ、中世イスラム圏では多くの農書が刊行された）、植物学の発展を後押ししたとされる[21]。

古代ギリシアの哲学者、アリストテレスは、運動能力と感覚を持つ生物を動物、持たない生物を植物とする生物分類法を制定した。だがルネサンス以降、この分類法は植物学会においてつねに問題視されてきた。だからこそ、トゥルヌフォールからリンネに至る十七世紀から十八世紀の植物学者たちは、植物を「手本」にして新しい生物分類法を作っては、それを動物学会に押しつけてきたのだ。動物より植物を「手本」にするほうが生物分類法を作りやすいのには、論理的というより「生物学的な根拠」があった[22]。分類法を作るには、多くの調査対象を長期間にわたって観察し、詳しく記録を取らなくてはならないが、動かない植物相手のほうがずっと簡単だったからだ。哲学者のジョルジュ・カンギレムもこう述べる。

「植物は、動かない、消極的な生物だ。植物における〈野生〉とは、人間によって栽培されていないことだけを意味し、どこかへ逃亡してしまうことを意味しない[23]」

だが、動物を「手本」にした生物分類法がなかなかできなかったのにはもうひとつ、技術的な理由があった。当時はまだ、植物の内部構造を調べられる道具や機械が存在していなかったため、「植物は動物よりずっと単純な構造をしている」と思われていたのだ[24]。

植物は、外見を観察するだけで全体を把握できる生物だと思われていた。そのため、他者との類似点にもとづいて物ごとを認識する「類推」がしやすく、植物の根や茎や花はすべて似たような機能を持つと考えられてきた。一方、動物は「特殊な形をしているものが多い[25]」ので「類推」は難しいとみなされた。だが、「類推は、異議を唱えられずに、自らを振り返ることを可能にする[26]」と、哲学者のミシェル・フーコーは言う。だからこそ「類推」は、古代ギリシアの科学から中世の思想に至るまでつねに重要な思考法と考えられてきたのだ。かつて植物は、動物と「類推」されることで「動物を逆さにしたようなもの」とみなされていた。こうした動物との「類推」の傾向は、十六世紀の植物学者、アンドレア・チェザルピーノの研究によってますます強化される。植物は主に下部から摂取した栄養を循環させることで、上部で葉や花をつけるとわかったからだ。こうした「可逆性」[27]の発見によって、植物と動物の「類推」はますますエスカレートした。

人間は、二者の類似点を発見すると、似ていない部分さえ似ていると考える傾向があるという。両者はほとんどの点で似ており、ごく微妙な点でわずかな差異があるにすぎない、と思いこむのだ[28]。十七世紀の哲学者、デカルトはこう言う。

「人間の思考の傾向における顕著なパターンとして、二つの物ごとにいくつかの類似点を見いだすと、実際には相違する点においても、一方の特徴をもう一方にも当てはめようとしてしまう[29]」

わたしたちは、新たに発見した何かを理解しようとするとき、すでに知っている別のものとの共通点を見いだそうとする。つまり、無意識に「類推」を行なっているのだ。十九世紀の哲学者、ショーペンハウアーも、こうした傾向について著書『自然のうちなる意志について』の植物生理学に関する章で次のように書いている。

「ある動機に対してどう反応するかは、その者が持つ〈知識〉に左右される。知識があるのは動物の大きな特徴であり、植物との本質的な境界線を決定づける要素とされる。ところが、わたしたちが自らの経験によって得た〈知識〉が及ばないところでは、外の世界からの影響がもたらされかねないものについて〈類推〉でしか認識できなくなる[30]」

目の前にさまざまな形態のものがあるとき、わたしたちが知覚できる数量は限られている。その限界のおかげで、わたしたちはこの世界が安定していると感じる。わたしたちの感覚は分析的ではなく総合的だ。いや、むしろ、対象を全体的なまとまりだけでとらえる「ゲシュタルト的」と言えるだろう。わたしたちは、ある形態を構成するさまざまな部分によってその形態を知覚するわけではない。わたしたちが知覚するのは、その形態を一瞬で見たときの姿形にすぎず、だからこそあるものを見たときに似た輪郭の別のものを瞬時に思いだすことがあるのだ。たとえば、植物（花、枝、茎）を見たときに、ふと人間（顔、腕、胴）を思いだす。そうすると、人間の姿形はわたしたちにとって意味を持つので、心のなかに感情が芽生える。たとえば、たくさんの実がついて枝がたわんだ木を見ると「つらそうだな」と思う。つまり「感情移入」しているのだが、これはある意味で無用の行為と言える。なぜなら、その木は「つらくはない」のだから。

植物の世界には形而上学的な認識は存在しない。だがこの「感情移入」こそが、すべての生物を類似性によって分類する道を切り開いたのだ。十七世紀の哲学者、デカルトが着手した普遍学は、自然界のあらゆる事物を数学的に認識しようとする試みであり、「目に見えるすべてのもの」は変数を使った数式に変換されうると考えられていた。かつては植物学者たちもすべての植物を数式化しようとしていた。ミシェル・フーコーはこう述べる。

「十七世紀から十八世紀にかけて、植物と動物は内側の器官ではなく外見の部位によって理解されてきた。動物には脚やひづめがあり、植物には花や果実がある、という具合だ。呼吸のしかたや体液などは二の次とされた」[31]

こうした外見の描写にもとづく「知識」は、わたしたちの脳内に「視覚によって分類する場」を作りだす[32]。このとき、植物は動物に対して「認識しやすさ」において優位に立つ。植物の場合は構成される部位の数が視覚されやすいのに対し、動物はそうではないからだ。当時、植物学者を含む博物学者は「生物の構造を観察し、その特徴を記録する者」であって、「生命を研究する者」ではなかった。フーコーによると、博物学は「あいまいで」「つかみどころがない」生命の哲学にはいっさい関わり合いになろうとしなかったのだ[33]。

十七世紀末になると、植物学と動物学の間に食い違いが生まれはじめた[34]。植物学ではトゥルヌフォールが外見による分類法を作っていた一方、動物学は独自の道を歩みはじめたのだ。前述したように、これまでは「動物は特殊な形をしているものが多い」とされてきた。ところが、生物にとって重要な機能である「有性生殖」の全貌が見えてきたことで、「特殊なのはむしろ植物のほう[35]」であると判明した。当時、挿し木や種子によって植物が繁殖するしくみは、「類推の対象がないので説明がつかない[36]」とされていた。あちこちで見られるごく一般的な植物は、ほとんどが雌雄同株だ。同じ個体が雄株と雌株をあわせ持ち、たいていはひとつの花が雌性生殖器（めしべ）と雄性生殖器（おしべ）をあわせ持つ。「両性具有は、動物界では例外的だが、植物界では当たり前のこと[37]」なのだ。

こうして「生命」という概念が表面化すると、従来の生物分類法を再考しなければならなくなった。フーコーのことばを借りれば、「もっとも重要な特徴は内に秘められている」からだ。もちろん、植物も例外ではない（子葉の存在がその証拠だ）。

「目に見えるものを、その存在理由など目に見えないものと関連づけて、内に秘められた構造を、外側に表れている印に結びつけなくてはならない[38]」

生物の認識のしかたは一変した。すべてを外側にさらけだし、目録を作るのに適しているとされた植物の「手本」としての地位は、生命の深遠さへの関心を前にして崩れ落ちた。そしてとうとう「秘められた構造、隠された器官（中略）、内からあふれるパワー（中略）によって生命を維持する[39]」動物こそが、新たな生物界の「手本」として台頭したのである。

第2章　構造からみた生命——植物生理学は何をとらえたか

十六世紀末から十七世紀末にかけての植物学では、「栄養摂取」と「生殖」の二つの機能が主な研究対象とされてきた。ジョルジュ・カンギレムは言う。

「手本とされるのは、動物のからだの構造だった[1]」

「栄養摂取」については、十七世紀中頃、フランドル地方の医師、ヤン・ファン・ヘルモントがある実験を行なっている。「ヤナギの実験」と呼ばれるその実験では、鉢植えのヤナギの苗を水だけをやりながら五年間育てた。すると、ヤナギの重量は増えたのに土の重量はほとんど変わらなかった。これはいったいどういうことか？　植物は水でできているのだろうか？　当時は、地球上の生物のうちで植物だけが大気と土壌から物質を取りこんで有機物を生成している事実は、まだ判明していなかった。さらに、このプロセスに必要な化学反応は太陽光、つまり光合成によって可能になることもまだ知られていなかった。そう、結局、「手本」との「類推」など無意味だったのだ。「栄養摂取」について、いくら動物と比べたところで植物のことがわかるはずがない。消化吸収と排泄を行なう動物の消化器官に相当する器官を、植物は持っていない。だが当時はまだ、動物の血管系や呼吸器官に相当する器官が、植物にもあるのではないかと思われていた。十九世紀までは、植物生理学はまだある程度は動物生理学を基準に考えられており、植物の機能は動物の機能を修正したり調整したりしたものだと思われていたのだ。[2] だが、植物の生命維持のための機能は、動物と同じ器官が行なっているわけではない。動物との「類推」ではそのしくみを理解できないという考えかたは、すでに十八世紀には誕生していたのである。[3]

もうひとつの機能、顕花植物（花をつける植物）の「生殖」については、十八世紀の植物学者たちは「愛の行為のようなもの」と称していた。[4] 花の雄しべが雄性器官であることは、十七世紀末、イギリスの植物学者で医者でもあるネヘミア・グルーによってすでに発見されていた。花粉が受精を担う物質だという仮説も立てられていた。だが、自然科学者でもあった作家のゲーテはこう述べる。

「植物は、たったひとつの器官が変化し、変形することで、さまざまな部位を生みだしている。自らと同じ形をした部位を作りながら、無限に増殖しつづけるパワーを持っているのだ。たとえば、柳の枝を切って地面に植えれば、同じような木が育ち、その柳の枝をどれか一本切って植えれば、また同じような木が育ち……と、際限なく続けられる[5]」

同じものを次々と作りだす植物のコピー機能は、まるで分割されてもびくともしない無機物のようだ。そして植物の場合、生物でありながら分割されても生き延びることができ、それどころか自分と同じものを増殖させられる。さらに、ゲーテは言う。

「わたしたちが〈植物の成長〉と呼んでいるものは、性的関係に頼らずに自分に似たものを生産することだ。そしてこの生産は、動物の誕生につきものの〈別れ〉は決して伴わない[6]」

そしてこの生産は、性の異なる「二つの個体」が出会って行なわれるわけでもない。

哲学者のヘーゲルは、ゲーテの植物学に関する著書を読んだうえで、植物の生殖方法についてさらに詳しい検証を行なっている。まず、受精に関わるのが「二つの個体[7]」ではなく単独である場合、その植物の生殖方法は「性的関係」ではなく「性的関係に類似したもの」であるとした。さらに、顕花植物を二つのタイプに分け、それぞれの性の問題についても考察した。ひとつは、雌雄いずれかの単性花（雌性器官と雄性器官のいずれかを持つ花）しか持たない「雌雄異株」で、もうひとつは、雌雄両方の単性花をあわせ持つ「雌雄同株」だ。この場合、「雌雄異株」は性が二つの独立した個体に分かれているため、その生殖方法は「性的関係による受精」と呼ぶことができるとした。またヘーゲルは、植物には「雌雄異株」と「雌雄同株」のほかに、雌雄同株の派生系として「雌雄混株」もあると述べた。このタイプの植物は、ひとつの個体が、雄性の単性花、雌性の単性花、両性花（雄性器官と雌性器官の両方を持つ花）の三つをあわせ持つという。ただし、長期間の観察によって、成長に応じて花の種類が変わるとわかったため、こうした構造は「不安定」であるとされた。アサなど一部の雌雄異株の植物では、最初は雌性だった個体が、成長してから雄性に変わったケースがあったという。ヘーゲルは、このように植物の性のあいまいさを示したうえで、「植物は、ひとつの個体が二つの性のいずれかを持つ原則には必ずしも当てはまらない」と述べた。性的関係によって受精が行なわれるには、別々の性を持つ二つの個体が出会う必要がある。そのことからヘーゲルは、「植物は性的関係による受精は行なわない」と結論づけた。そして、「厳密に言えば、雌雄異株も含めて、あらゆる植物はすべて無性といえる[8]」ともつけ加えている。

それでは、性の区別がない無性生物の「生殖」を、はたして「交配」と呼べるのだろうか？「無性」とされる植物でも「受精」が可能であることは、当時から証明されていた。一七四九年、ドイツの植物学者でベルリン植物園の園長だったヨハン・ゴットリープ・グレディッチュが、「ベルリン実験」と呼ばれる実験を行なっている。ベルリン植物園のナツメヤシは雌株で、毎年花は咲かせるものの、三十年間ずっと実をつけなかった。そこでグレディッチュが、ライプツィヒの植物園の雄株のナツメヤシの花粉を採取して雌株の花に塗布したところ、見事に実をつけたのだ。だが、それを知ったヘーゲルは「そんなことをする必要があるのだろうか？」と問いかけた。植物の生殖方法を見れば、そんな必要がないのは明らかであるからだ。

「植物の芽はそれ自体がすでに個体である。地に茎を這わせて個体を増やすこともできる（匍匐茎（ほふくけい）

と言う)。葉や枝を地面に落として新しい個体を生みだすこともできる。だからこそ、二つの性を無理やり結びつけて新しい個体を作りだす行為は(中略)、植物にとって単なる遊び、無用の贅沢、余計なお節介にすぎない。植物は、ふつうに育ちさえすれば自然に繁栄していくのだ[9]」

植物の生殖は消化活動に似ていると言えるだろう。実際、消化活動によって新しい個体が作られるケースは多い。成長に必要な栄養分さえ与えていれば、ほかに何もしなくても植物は新しい個体を生みだせる。つまり、植物は性的関係を持たずに、単体で生殖が可能なのだ。

こうした生殖方法を見る限り、植物はわかりにくい生物かもしれない。自らの一部を切り落とされても死にはしない。それどころか、新しい個体を作りだす。ヘーゲルは、この繁殖方法を「分割されてもびくともしない無機物」のようだと言った。

「植物の場合、ひとつの個体は、多くの個体の集合体によって作られている。そしてその集合体を形成する一つひとつの個体も、完全に独立した存在である[10]」

ヘーゲルによると、植物の生殖活動のほとんどは単独で行なわれるという。同じものが二倍になって植物は生まれる。そこには、動物、とくに哺乳類の誕生につきものの「別れ」はない。フロイトが「ショッキングな離別[11]」と呼んだ出産体験とは無縁なのだ。前述したように、ゲーテも「植物の生産は、動物の誕生につきものの別れは決して伴わない」と述べている[12]。

ヘーゲルと同時代に活躍した哲学者、ショーペンハウアーも、ベルリン大学で植物学を学びながら植物生理学についての考察を深めた。植物学者による著書も数多く読んでおり、とくに、ジョルジュ・キュヴィエ『一七八九年から今日までの博物学の進歩に関する年代別記録』（第一巻は一八二六年刊）、オーギュスタン・ピラム・ド・カンドール『植物学の基本理論』（一八一三）、ルネ・デフォンテーヌ『植物の人工授精に関する実験』（一八三一）、アンリ・デュトロシェ『動物と植物の内部構造とその働きに関する解剖学・生理学的研究』（一八二四）、フランツ・ユリウス・フェルディナント・マイエン『植物生理学の新体系』（一八三九）などの影響を受けている。

ショーペンハウアーが主に解明に取り組んだのは、「植物の動きは自発的かどうか」という問題だった。これについて、キュヴィエとデュトロシェの二人は、「植物の動きは自発的である」という説に賛同しつつも、「ただし、植物に感覚能力はないので、単に神経の反応によって動いている」と述べている。それに対してショーペンハウアーは「では自発性とは何か？」と問いかける。たとえば、それを「意志の表れ」と説明してもよいだろう。ショーペンハウアーは、自著『自然のうちなる意志について』で、そのことをうまく言い表した文章を引用している。一八四一年六月二日付『タイム』誌に掲載された記事からの抜粋だ。

「先週の木曜、町の繁華街のある通りで、三、四本の大きなキノコが快挙を達成しているのを見かけた。よっぽど外の世界に出たかったのだろう、巨大な石畳を持ち上げてその姿を現していたのだ」(13)

植物はどのようにして動くのか、どうして動くのかを、ショーペンハウアーは研究によって理解しようとした。「植物は機械ではない」と述べ、植物の「自発性」に形而上学的な原則を当てはめた。植物の盲目的で、突発的で、目的不明な動きについて、「自然の力はすべて意志にもとづいている[14]」と結論づけたのだ。

それでは、「意志」とは何か？　通常、意志は「表明」されるものであり、「現象」ではないとされる。意志は、単なる「原因」ではなく何らかの「動機」を伴うが、「動機」を伴う行動は「現象」ではなく「表明」されるものだからだ。そしてその「動機」は「知識」にもとづくことが前提とされる。しかしそのようにして、意志を「知識にもとづいた動機にしたがって表明されるもの」とみなすと、意志を持ちうるのは人間、あるいは動物だけになってしまう。「知識と表明は（中略）動物性の特徴」であるからだ[15]。

ところが、多くの実例が示しているように、動物の行動は必ずしも「知識にもとづいた動機」にしたがっているわけではない。たとえば、鳥が巣を作るのは、卵が産まれたという「動機」があるためではない。クモが糸を張りめぐらせるのも、獲物がいるという「動機」にしたがっているわけではない。クワガタの幼虫が木に掘った穴の中で羽化するのにも何らかの「動機」があるわけではない[16]。そう、「意志」は必ずしも「動機」を必要としないのだ。つまり、「意志」は必ずしも「表明」されるわけではない。ということは、ある意味で「意志」は「主観性」とはまったく関係ないところにあるとも言える。ショーペンハウアーはこうも言っている。

「石が上から落ちてきたとする。その石を落とした力は、その本質において、それ自体の存在として、表明とはまったく無関係ではあるが、意志である。だが、たとえわたしたちの意志が自分のものであるように思われるからといって、その石が明白な動機にしたがって落ちてきたと考えるのは馬鹿げている[17]」

当時の植物学者たちにとって、こうした形而上学的な観点による考察などまったく考えもしなかった。だがショーペンハウアーは、植物の生理的活動はこうした観点から理解できるはずだと信じていた。

「植物学者たちは、いまだに古い信念にとらわれている。意志を持つには意識がないといけないと思いこんでいるのだ。どう考えても、植物はそんなものは持っていないのに[18]」

植物の「意志」の本質を明らかにすれば、植物の生理的活動に「意味」を与えることができる。つまり、どのようにして動くのか、どうして動くのか、が判明する。じつは、植物の生理的活動は、「動機」にしたがうわけではなく、一種の「原因」ともいえる「刺激」を受けることで行なわれるのだ。そして、そのときの植物の意志は「完全に無意識であり、よくわからない力が働いているよう[19]」だと、ショーペンハウアーは述べる。そして、こうした動きは「あたかも何らかの動機にしたがっているかのように」見えるのだ。

「マイハギやオジギソウは刺激を受けることで動く植物だが、あたかも何らかの動機にしたがっているかのようであり、別の何かに変化しようとしているかのようでもある[20]」

わたしは本章で、植物生理学の歴史を紹介するつもりはない。この短い文章によって、人間が植物に対して向ける視線がどのように変わったかを示したいだけだ。第1部の冒頭のエピグラフに引用したジョルジュ・カンギレムのことばにあるように、初めは、植物は「肖像画」だった。観察され、記録され、命名され、分類されるだけだった。それがいつしか「構造物」となり、動物との類似点にもとづいて認識する「類推」が行なわれた。かつて植物を観察していたときは、その外見だけを研究していればよかった。姿形を見ればすべてが理解できると思われていた。ところが、植物が「構造物」になった途端、その内部構造はどうなっているのか、外からの刺激に対してどう反応するか、などを調べなければならなくなった。植物はどのようにして動くのだろう？　どうして動くのだろう？　植物と動物との境界があいまいになりそうなところを、独自の方法で解決したのがショーペンハウアーだったのだ。彼は、同時代の植物学者たちの著書を多数読んで、自著の『自然のうちなる意志について』の丸ごと一章を植物生理学の考察に費やしている。植物の形而上学的な特徴という課題にも真正面から取り組んだ。そのおかげで、植物が「盲目的だが強い意志の力」に押されて動くことが明らかにされた。確かに、ショーペンハウアーが提唱する「生気論（生命は、非生物にはない特有の力を持っているとする説）」は、今となってはもう時代遅れかもしれない。だが、植物における「意志」と「表明」の違いや、「原因」にもとづく意志と「動機」にしたがう意志との違いが明らかになったのは彼の功績であり、今日のわたしたちが植物の生命を理解するのに大きな助けになっているのは間違いない。植物は「知識」にもとづいて動くのでも、その動きが「表明」されるわけでもない。ショーペンハウアーは、わたしたちが「意志」について、動物・人間中心主義的な考えかたをしてしまう傾向があると教えてくれたのだ。

第3章　文法としての生命——植物と動物の境界線はどこにあるのか

「生命」ということばでわたしたちがまっさきに思い浮かべるのは、動物の生命、つまり、わたしたち自身だ。ニーチェは、わたしたち人間が「存在」ということばで表しうるのは、唯一「生存している事実」だけだと述べた。そういう意味で「存在」とは、わたしたちにとって「感覚を伴う経験」である。一方、わたしたちが「植物に対して無理解」[1]なのは、植物が、動かないこと、外見や組織が単調に見えること、「人間が彼らに襲われる危険性がないこと」が要因とされる。だが、『人間のような植物——哲学する植物』の著者、マシュー・ホールによると、人間のこのような態度は「自然でも、当然でもない」という。ところが実際、わたしたち人間は、「生命」とは「感覚を伴う経験」であり、自発的に動き、個体性を持ち、誕生と死によって区切られていて、ある一定の空間で限られた時間を過ごす存在としてとらえている。だからこそ、植物に対するわたしたちの理解はなかなか進まないのだ。植物の特徴といえば、第一に「動かない」ことと「静か」なことだろう。自発的に動くほかの生物たちにとって、植物は肖像画の背景のようだ。実際、文字どおりの意味で、ほかの生物たちがとどまったり立ち去ったりする環境を作りだしている。また、一般的に植物と同一視される「自然」は、人間にとって「永遠に繰り返されるもの」だ。哲学者のモーリス・メルロ＝ポンティは自然についてこう述べている。

「この不思議なもの（中略）……いや、ものといっても物体ではなく（中略）、わたしたちの目の前に存在するともいえない。それはわたしたちの足元にあり、わたしたちを支えているのだ[2]」

これほどまでにわたしたちとは異なる存在を、どうしたら「生命」という同じひとつの枠におさめて考えられるだろう？　たとえば、「生きるとは、初めに思考することではない」という考えかたを受け入れて、本質的で生命力にあふれる経験をすることで、わたしたち人間はより動物に近づくことはできるかもしれない。ジョルジュ・カンギレムは言う。

「生命について理解するには（中略）、絶対的と言える生命の基準を見つけなければならない。わたしがそう言うのは、自分が思想家であるからでも、超越論的な意味での主体であるからでもない。わたし自身が生きていて、自らの人生において生命の基準を探す必要に迫られているからだ[3]」

だが、カンギレムが「生きるとは、初めに世界を知性によって理解することではない」と述べたとき、彼の念頭にあったのは植物ではなく動物であったはずだ。カンギレムは植物についてほとんど何も書いていない。生命と生物についての考察を集めた選集にも、植物の生理学的な性質の特殊性について記した数ページをのぞいて、植物にはいっさい言及していない。『生命の認識』と題された著書にも何も書いていない。[4] 全集や未刊の文章にも、フランソワ・ドラポルトの著書『自然における第二界』の序文をのぞいて、植物をテーマにした文章は発見されていない。動物界と植物界の両方に足を突っこんだような種がいると知ってはいても（淡水に生息する刺胞動物のヒドラは、植物のように「潜在的な不死」という性質を持ち、挿し木のようなやりかたで繁殖したり再生したりする）、植物界と動物界が連続しているとは考えなかった。カンギレムは、生物の個体性をテーマにした講義の原稿で、独立した個体であるかどうかがあいまいなケースを、次のように分類している。

「1　単細胞生物――性別がなく、老化せず、死骸を生じない。分裂によって再生する。個体か集合体かの区別がつかない。2　後生動物――刺胞動物（ヒドラ）はここに含まれる。挿し木のように体を切断することで再生する。一カ所にとどまって動かないか、何かに寄生するなどして生息する。3　植物――種子植物（顕花植物）はここに含まれる。分割すると、切り離された部分が再生する。挿し木（茎を切る、ジャガイモ）、または接ぎ木（セイヨウハコヤナギ）によって増える。一カ所にとどまって動かない生物である[5]」

カンギレムは、生物の「個体性」の定義について、「環境から独立していること（自発的に動けること）」および「集合体から独立していること（性別があること）」と結論づけている。

だが、生物の外見を観察するだけでは、生命の境界線は決められない。たとえば、観察によって時折認められる「程度の差」は、植物と動物のどちらにも分類できないあいまいなケースを生みだしかねない。生命を区別する基準を制定する作業は、外見の観察によって妨げられてはならない。ドイツの哲学者、ヘルムート・プレスナーはこう言っている。

「植物と動物の本質を、経験論的な特徴で区別してはならない。植物と動物の差異は本来は概念上のものだ。（中略）動物界と植物界を区別する境界線は、生物の外見では決められない。特徴的な姿形をしているが区別があいまいなものも存在している。生命という単位においては、生命維持に必要な働きを行なっている点ですべてのものに共通点がある。そういう意味で、外見上における動物と植物の違いなど、単なる〈程度の差〉にすぎないのだ[6]」

確かに生物界には、内部構造を持たない動物や、無機物を吸収する機能を持たない植物も存在する。外見の観察だけにもとづいて「植物と動物の境界線[7]」を決めても、それに当てはまらないケースはたくさんあるのだ。この「境界線」では、生物界の両極端にいるものさえ区別することはできない。プレスナーは言う。

「それは、可視光線の赤と紫が、オレンジや黄や緑や青に媒介されて結びついているのと同じだ。動物にしかない特性、植物にしかない特性などない。動物と植物の本質的な違いを、特性によって決めることはできない[8]」

哲学者のアンリ・ベルクソンも「どんな特徴であっても、植物と動物を区別することはできない」[9]と断言している。過去、動物と植物を特徴によって区別する試みは繰り返し行なわれてきたが、ことごとく失敗に終わっている。それは、「植物に特有とされるいかなる特徴も、必ず何かしらの動物で見つけられる」からだ。同様に、動物に特有とされるいかなる特徴も、「植物界における何かしらの種において、何らかのタイミングに必ず見いだせる」[10]。ベルクソンによると、植物と動物の違いは「比率」の問題でしかないという。だからこそ、生物を分類する基準を決めるには、数学や物理学における定義に頼るほかないのだ。

「結局のところ、一定の特徴を持っているかどうかではなく、それらの特徴が際立っているかどうかで、グループ分けは行なわれる」[11]

「際立った特徴」は、確かに植物と動物の区別を可能にする。たとえば、植物は大気、土壌、水から栄養分を得て、動物は有機物から栄養を摂取するのが「際立った特徴」とされる。したがって、ベルクソンによると「動物に栄養を供給するのは植物であり」[12]、「植物は栄養分に囲まれて生きている」[13]ことになる。そして、いつでもすぐに栄養補給ができるからこそ、植物は一カ所にとどまって生きている。一方、動物は不足する栄養分を探すために移動しなくてはならない。こうして環境から独立した動物は、どこへでも好きなところへ移動し、知覚し、良し悪しを判断し、そこにとどまるかよそへ行くかを決める。動物の捕食活動も「環境から独立している」からこその行動だ。自らとほぼ同類のものを殺し、ある意味で対象を事物化している。一方、植物と外見がよく似ているキノコ（菌類）は、有機物から栄養を摂取していることから植物とは区別される（したがって、植物界に属しているとはみなされない）。これは、外見を基準とした分類における大きな例外のひとつだ。栄養をどこから摂取しているか、どのようにして獲得しているかを、「程度の差」として片づけることはできない。栄養摂取の方法は、その生物と環境との関係性を示しているからだ。

その生物が移動するかどうかという外見の特徴も、植物と動物を区別する正確な境界線にはならない。一カ所にとどまりつづける動物や、這いあがりながら移動する植物もいるからだ。だが、どんな生物も境界線から大きく逸脱は決してしない。植物は動物と同じように動いたりはしない。「原因」ではなく「動機」にしたがって、ある場所から別の場所へ移動はしない。植物における「動き」は、ほとんどの場合は有機体としての機能のひとつにすぎない。これについて、ベルクソンはこう結論している。

「一カ所にとどまる特徴と、移動する特徴は、植物界と動物界のいずれにも見いだせる。単に、植物はとどまることが比較的多く、動物は移動することが比較的多いだけだ[14]」

だが、この「対立する傾向[15]」が、二つの世界のそれぞれの違いを特徴づけているのは確かである。生物は移動することで「意識」を持つようになるからだ。ベルクソンも、「移動することと意識があることの間には、明らかなつながりがある[16]」と述べている。もし「意識」がなければ、「あっちへ行くのはやめてこっちへ行こう」などと、志向性のある行動はできない。動物に神経系があるのが当たり前なのと同じように、動物に「意識」があるのも当たり前なのだ。

「〈動物には脳がないから意識などあるはずがない〉と言うのは、〈動物には胃がないから食べることはできない〉と言うのと同じくらい馬鹿げている[17]」

ベルクソンによると、自然界の生物の「自由」は、自発的な動きによって与えられるという。

「どんなに単純な構造をした有機体であっても、〈自由〉に動ける以上は〈意識〉を持っている[18]」

「意識」と「自由」の関係性は、自然界のあらゆる存在には心があるとする汎心論（はんしん）によって説明できるかもしれない。意識の有無を「目覚め」と「眠り」にたとえて、「寄生することで移動しなくなった」動物は意識が「眠った」とし、「動く自由を手に入れた」植物は意識が「目覚めた」とするのだ[19]。だが、ベルクソンによると、この「意識」と「無意識」という対立する二つの要素は、やはり動物界と植物界を分ける境界線にはなりえないという。ショーペンハウアーはこの二つを「意志」と「表明」に置きかえて考察している。彼がここで述べる「意志」とは、主体が自分で決めた方向へ自ら動くことを意味するのではない。自分では意識せずに、生命の衝動を「表明」することだ。その「明らかな証拠[20]」が、這いあがりながら移動する植物である。だが、たとえ「移動する植物」があるからといって、外見上の特徴の違いでは植物と動物の区別がまったくできないわけではない。少し長くなるが、ショーペンハウアーのことばを引用する。

「自然界における無機物が、外の世界を意識している痕跡はいまだ見つかっていない。石、岩、氷塊などは、いずれかが別のいずれかの上に落ちてきても（中略）、互いを意識することも、外の世界を意識することもない。だが、どちらも外からの影響を確実に受けているという事実は（中略）、意識の誕生に向かう第一歩と考えられるだろう。植物の場合も、同じように外の世界を意識はしないが（中略）、たとえば光を求めて動く姿は観察されている。（中略）植物の動きと環境との間には、明らかに何らかの関係性と関連性があるのだ。（中略）植物が〈知覚〉に似た何かを持っていることは否定できないだろう。だが、事物をはっきりと知覚するようになったのは、動物が初めてだった。（中略）これこそが、植物とは異なる動物性の特徴である[21]」

結論を述べよう。生物を正しく認識するには、その外見上の特徴の「役割」と「性質」を明確にするのが大切なのだ。実際、外見上の特徴は「客観性」という「性質」を持っている。そのため、たとえばある生物に「動き」、「感覚」、「知覚」という特徴があるとみなされると、あたかもそれが「事実」であるかのように外から見た視点で描写される。だが、これは経験論的な思考が陥りがちな誤りだ。生物の分類の「印」とされる「自発的な動き」は、決してその生物の「特徴」ではない。そこには、自ら動く主体とその主体が実現させようとする環境との相関関係があらかじめ存在している。つまり、「超越論的自我」が関わっているのだ。

植物の認識について食い違いが生じるのは、「動物的な特徴がひとつでもあれば、その生物は植物界から排除されて動物界に入れられるべきだ」という考えかたが根強いのが主な要因だ。だが、観察による外見上の特徴を個別に分析することには何の意味もない。そのようなやりかたでは、「植物とは何か」という問題は解き明かせない。これらの特徴が集合して形づくられる「構造」、つまり、それぞれの特徴同士が共に築きあう関係性だけが、その存在に意味をもたらすのだ。生物が持つ要素は、何であっても単独では存在できない。その「構造」を形づくる一つひとつの「特徴」

は、全体から切り離して個別に存在できるものではない。有機体とは「構造」そのものであって、部分の集合体ではない。「全体」と「部分の集合体」はまったくの別ものだ。部分ごとに分解して分析しようとすれば、その「構造」は壊れてしまう。そんなことをしたが最後、その生物を理解するための道は閉ざされる。哲学者のイマニュエル・カントが言うように[22]、生物はそれ自体が手段であると同時に目的でもあり、原因であると同時に結果でもあるのだ。観察によって発見されたいかなる特徴も、その生物の真の姿を示す手段にはなりえない。そのようにして作りだされた論理では、その生物を正しく認識することも、その存在を証明することもできないのだ。

第4章　植物と動物の共通の機能——植物に「感覚」はあるのか

植物と動物の相同性、つまり共通の起源を持つ機能によって植物を認識するには、正反対とも言える二つのやりかたが考えられる。ひとつは、動物に特有の概念（知覚、行動、知性、感覚など）を還元主義的に植物に当てはめるやりかただ。たとえば、動物の「感覚」による「実際の経験」は無視して、「物理主義的な定義」によって植物を認識する。もうひとつは、動物に特有の器官や機能をそのまま植物に当てはめて、動物や人間と同等に植物を認識するやりかただ。オーストラリアの進化生態学者、モニカ・ガリアーノは、前者のやりかたに反対している。たとえば、植物の「動き」に「環境からの刺激に対する生存中の個体の反応」という定義を当てはめれば、「植物の主体性」について考察ができなくなり、植物を「意志がなく、衝動的で、画一的な生物」という枠に閉じこめることになる。これは、「植物の認知と行動における現象を調べる研究を妨害する行為[1]」だというのだ。一方、ジャン＝マルク・ドルーアンは著書『哲学者の植物標本』で、植物には感覚がない（であろう）理由をこう述べている。

「植物に個体としての姿形を当てはめるのは可能だが、そうすることで逆に植物には主観性がないことが明らかにされる。動けない生物が、どうしたら意識や感覚を持ちうるだろうか。意識や感覚がないものが、どうしたら主観性を持ちうるだろうか[2]」

アリストテレスは、動物は栄養摂取をつかさどる「植物的な魂」と、感覚や運動をつかさどる「感覚的な魂」の両方を備えているが、植物は「植物的な魂」しか持っていない、と書いている[3]。ベルクソンは、「移動できることと意識があることの間には、明らかな関連性がある」と述べている。これら先人の思想を踏まえたうえで、ドルーアンは「植物は動けないので意識や感覚がない」と結論づけたのだ。

現代の科学者たちも、植物の感覚についてさまざまに言及している。たとえば、生物学者のカトリーヌ・レンヌとベルトラン・ムリア、哲学者のオリヴィエ・ボドーは、共同でこのテーマについての記事を執筆している。

「植物には、さまざまな刺激を知覚する能力がある[4]」

この考えかたは、植物界と動物界を区別する境界線を逸脱していない点では問題がないと言えるだろう。その一方で、植物の「感覚」を「知覚」と言い換えることで、問題をより複雑にしている。「知覚」という概念は、「感覚」よりもさらに機械論的なアプローチで説明するのが難しいのだ。現象学者のメルロ＝ポンティは、著書『見えるものと見えないもの』で「わたしの体は世界と同じ肉でできている」と述べ、知覚する主体と知覚される客体を区別することを否定しているが、それとは別の観点からこうも述べている。

「わたしの眼はわたしにとって、事物を映すディスプレイではなく、事物と一体化する力を持っている」(5)

人間は「眼」で知覚するが、植物には「眼」がない。知覚する主体がなくても、知覚することは可能なのだろうか？　知覚は、見ている主体と見られている客体との関係性を示すものではないのだろうか？　植物が知覚器官を持っていない以上、レンヌらの「さまざまな刺激を知覚する能力がある」ということばは、あまりに超越論的すぎるのではないか？　だが、この「主体なき知覚」については、多くの哲学者がすでに過去にも言及している。たとえば、十七世紀のドイツの哲学者、ライプニッツは、意識と内省を伴わない知覚を「微小知覚」と呼び(6)、これが集まって意識的な「知覚」になるとしている。

植物生態学者のジャック・タッサンもまた、植物の感覚を定義するのに「知覚」という表現を使っている。

「植物が持っている感覚とは、自分のまわりがどうなっているかを〈知覚〉し、その情報を自分のなかで信号化し、分子状の反応を起こすことで、ごくわずかながらでも自らの生命活動を変化させられる能力である[7]」

だが、ここに植物を擬動物化したり擬人化したりする意図は感じられない。つまり、この概念を示すのに「知覚」と表現したのは、ほかに適切な表現がなかったからにすぎないのだ。事実、タッサンはこう言っている。

「植物は、意識的な状態であることが前提とされ、それによって感情が沸き上がるような、心理学的な意味での知覚能力は備えていない[8]」

さらにタッサンは、「知覚しているのは、必ずしも植物の個体ではない。植物はどこからどこまでが個体かわからない場合が多いが、そのどこか一部で知覚している」とも述べている。わたしたちがよく使う概念が、植物に対して使うのは適切ではなく、代わりの概念も見つからない場合、いったいどうすればよいのだろうか？

生物学者たちは、この問題を解決するために、「知覚」のような主観的な概念に対して物理主義的な定義を与えることにしたのだ。哲学者のジルベール・シモンドンも、「植物の感覚と屈性」に関する論文のなかで、植物の「知覚としての感覚」による「物理的な要因に対する反応」について考察している[9]。シモンドンは、「植物が一定方向に動くこと」を「動物がほかの場所へ移動すること」と同等とみなしてはいない[10]。アリストテレスの「植物には感覚がない」という思想を踏まえたうえで、「下等生物が物理的な要因がもたらす作用に対して運動によって反応したとしても、それはその生物が進化していることを意味しない[11]」と述べ、植物の「屈性」を「知覚反応システム[12]」と呼んでいる。シモンドンにとって、人間や動物の「眼」は、植物と同じように「屈折する器官」である。なぜなら、「高等生物の知覚システムには、下等生物の構造が組みこまれている[13]」からだ。そう考えると、下等生物の「知覚反応システム」は「下等知覚」と呼べるかもしれない。こうして動物に特有の概念に物理主義的な定義が与えられたことで、「生命の弁証法的観念[14]」の可能性は広がり、「生命」はさまざまな角度や段階から考察されるようになった。ショーペンハウアーは、「植物が太陽光や照明を知覚すると考えるのは不適切である」と述べる一方で、「だが、太陽光や照明の有無によって植物は異なる反応を示し、それらを求めたり、あるいは避けたりする方向へ動くことを、わたしたちは経験上知っている[15]」ともつけ加えている。

じつは、「感覚」という概念に最初に物理主義的な定義を与えたのは、古代の哲学者でもなければ、現代の科学者でもない。十九世紀から二十世紀にかけてよく使われた辞典、『フランス語宝典』で「感覚」という語を引くと、初めに挙げられている定義には「物理学専門用語」と注釈され、こう書かれている。

「内外に存在する一定の要因に対し、固有の方法で反応する生物体の特性」

これは「感覚」というよりむしろ「被刺激性」を定義したのではないかと思わないでもないが、いずれにしても「内外の要因に対する生物体の反応」という説明はまさに機械論的なアプローチと言えるだろう。ここでは「知覚」ということばは使われていない。この定義は、生物にとって「感覚」とは何かを説明するものではなく、その働きを確認するためのものだ。続けて、二番目の定義としてこう書かれている。

「感情を抱いたり、神経系およびさまざまな受容体を介して内外の環境の変化を知ったり、その変化に対して適切かつ固有の方法で反応したりする、高等生物の特性」

ここでは「感情」ということばが使われている。感情は、主観性を持つ生物が抱くもの、経験するものだ。さらにここでは、植物が持っていない「神経系」と「受容体」という生物学的な構造についても言及されている。したがって前述した生物学者たちは、植物の「感覚」という概念にこの定義を与えたのではないとわかる。

一方、『フランス語宝典』より以前の十九世紀中頃に刊行された大辞典、『リトレ』には、「感覚」という概念に物理主義的な定義はいっさい記されていない。単にこう説明されているだけだ。

「感情を抱くこと。人間や動物の神経系の一部に属する、体の外にある事物からもたらされたり内で生じたりする印象を知覚する特性」

ここでは、「神経系」という人間と動物にしかない器官、そして「知覚」という主観的なことばが使われている。つまりこの定義によると、「感覚」は人間と動物のものであって、植物のものではない。そして二〇一五年、それまでは「所有物（動産）」にすぎなかった動物が、フランス民法典で「感覚がある生物」[16]と規定されるようになった。この法律の成立を後押ししたのは、わたしたち人間の意志よりむしろ、動物に「感覚」がある事実そのものだろう。ルソーもこう言っている。

「わたしが他者を苦しめてはならないと思うのは、相手が良識ある生き物だからではなく、感覚がある生き物だからだ。動物と人間に共通するこの特性によって、すべての動物と人間は、少なくとも他者から不必要に苦しめられてはならない[17]」

感覚がある存在とは、自らの身に起きた出来事を自分のこととして経験する存在だ。傷つけられて苦しむのは神経や骨ではなく、その存在自身だ。「感覚がある生命」とは「主観性を持つ生命」である。そして「感覚」は「実際の経験」によってのみもたらされる。

第5章　外見と現実「あたかも〇〇かのように」——意味についての問題

わたしたちは前章で「感覚」というケースを通じて、動物や人間に特有の概念を植物に当てはめて認識する難しさについて考察してきた。これに関連して、オランダの生物学者、フレデリック・ボイテンディクは、「外見と現実の違い[1]」、つまり「意味」についての比較心理学的な考察を行なっている。たとえば、哺乳類や鳥類が自分の子どもに対して行なう「世話」と、人間の母親が自分の子どもに対して行なう「世話」はよく似ている。それではどちらの場合も、その「世話」は「母性愛」という「意味」を持っているのだろうか？　ボイテンディクはこう自問している。

「人間の母親の行為が〈本物の〉愛情の表現とされるなら、動物の行動が単なる〈見せかけの〉愛情にすぎないことがあるのだろうか？」[2]

思考節約の原理、別名「オッカムの剃刀」は「事実の説明はなるべく単純にすべきだ」とする考えかただが、動物行動学における「オッカムの剃刀」は、イギリスの動物学者のロイド・モーガンが提唱した「モーガンの公準」とされる。これは「下等な能力によって説明できることは、高等な能力によって解釈すべきではない」というもので、一部の動物行動学者のスローガンとなっている。だが、人間の行動によって動物を理解しようが、逆に動物の行動によって人間を理解しようが、どちらも大差ないのではないか？　動物も人間と同じように「実際の経験」を得る「主観性を持つ生物」だ。還元主義的にはどちらも正しいとされる。では、植物の場合はどうだろう？　植物を理解するにもやはり還元主義的であるべきだろうか？　この場合、植物の生命に「意識がある」という特徴を認めさえしなければ、とくに問題がないと思われる。植物心理学という学問が存在しないのは、植物には心理がないからなのだ。[3]

では、植物の「外見と現実の違い」という問題について、「屈性」を例にとって考えてみたい。

現在、植物の屈性はだいたい以下のように分類される。

- 日光屈性：太陽の軌道に沿って植物が動く性質
- 光屈性：光の方向に植物が成長するなど、光の刺激に対して動く性質
- 重力屈性：重力の方向を認識して、茎は上へ根は下へ伸びる性質
- 接触屈性：つるが支柱に巻きつくなど、接触によって成長方向が変わる性質

ほかに、刺激の方向とは無関係に動く「傾性」もある。
- 傾光性：花が昼に開き夜に閉じるなど、光に反応して動く性質
- 傾熱性：気温差によって花が開閉するなど、温度に反応して動く性質
- 傾触性：接触の刺激によって動く性質(4)

この最後の「傾触性」でよく知られるのが、オジギソウとハエトリグサだ。オジギソウは、葉に触れるとおじぎをするように垂れ下がるのが特徴だ。触れると虫を閉じこめるハエトリグサは、その異色の姿がむかしから植物学者たちの関心の的とされてきた。通常、植物は有機物を摂取しないので、こうした食虫植物は植物としては例外的とされている。しかし、ベルクソンはこう述べる。「食虫植物もほかの植物と同じように、根から栄養分を吸収し、葉緑体によって炭素を貯蔵する。だから必ずしも例外的とは言いきれない(5)」

ハエトリグサが虫を捕まえる開閉部分は、一般的には花のように思われているが、実際は葉だ。葉に虫がとまると、粘ついた液体を出して虫を動けなくさせてから、二枚の葉を閉じてなかに閉じこめる。一連の動きが終わるまでに通常一時間から数時間を要する。多くの食虫植物が生息する湿地帯では、土壌に必要な栄養分が不足している。生物学者によると、食虫植物は窒素を補うために虫を捕まえて、消化して栄養分を吸収しているのだという。

光の方向によって植物の成長方向が変わる「光屈性」については、「植物と動物の区別をあいまいにしかねない性質」と、むかしから言われてきた。ドイツの哲学者のハンス・ヨナスも、「外的

要因」によって変化するこの植物の特徴に、大いに関心を抱いていた。だがこれは、「一回の刺激につき一方向にしか動かせない」ため、その方向転換は「反応性」[6]によるものであり、動物の動きとは別物であると結論している。同じことが食虫植物にも言える。捕虫のために葉を開閉するその姿は、動物が食事をするために口を開閉するのと「外見」はそっくりだ。どちらも「獲物を捕らえて消化する」ために動いている。ハエトリグサの葉には「感覚毛」という小さな毛が生えており、虫がその毛に触れると、「ギザギザの歯がついた二枚の唇」がぴったりと重なって葉が閉じる。だが、ヨナスによると、この動きは「局部への刺激に対してその局部が反応している」だけで、動物のように「中枢によって制御」されてはいないという。したがって、食虫植物と動物の動きは、「外見」は似ていても「現実」には異なる、つまり「意味」が違うのだ。

「植物は好きなように葉を開いたり閉じたりできるだろうか？　動物は自由に口を開閉できる。好きなときに食物を噛みくだいたり、あくびをしたりできる。あるいは理由がなくても口を動かしたり、動かしている途中で止めたり、もう一度動かしたりもできる」[7]

確かに、植物の動きを決めているのは環境だ。あっちよりもこっちがよいなどと、自分の好みで向く方向を決められない。植物が環境によって向く方向を変える「外見」の裏には、刺激の種類によってさまざまな動きをする「現実」がある。また、植物と共生する菌根菌は、菌糸のネットワークを土壌中に張りめぐらし、栄養吸収を助けるなどして植物の成長に大きな役割を果たしている。しかしだからといって、菌根菌に思いやりがあって、親切心から植物に尽くしているわけではない。

植物はその「本質的な他者性」のために、擬人化や擬動物化されるのは不可能だが、だからといって植物を考察する基盤を失うことにはならない。むしろ、「感覚がある生物」の共同体に植物を無理やり押しこめないのが、逆に植物に対する理解を深めることにつながるのだ。

植物の「刺激に対する反応」について考える場合、主体と客体の関係性を示す要素とされる「意図」「性質」「態度」はそこに存在しているのだろうか？　主体と客体は、存在論的には二つの別の「現実」として区別され、現象学的には主体の現実が客体の現実を成立させるとされる。客体を「作りだして」いるのは主体である。あるいは植物界では、主体と客体ではなく、「二つの客体」の間の作用として考えるべきなのだろうか？　だとしたら、その作用の形式はどのようなものか？植物は光を「見ている」のだろうか？　いや、植物は「あたかも知覚しているかのように」、「あたかも感覚があるかのように」動いているだけだ。刺激は記号ではない。「記号」とは、そこにはないもの、目の前に存在していない何かを示し、告げ、表すものだ。植物は記号の世界には生きていない。植物の世界に、記号によって象徴されるものは行き来していない。前述したように、ジャック・タッサンは「植物は知覚した情報を信号化する」と述べた。[8]　そう、それは「信号」であって「記号」ではない。記号は、信号にはないあいまいなものを伝えている。記号の世界は三角関係だ。そこには、（1）感じたり動いたりする個体（「主体としての生物」、動物または人間）、（2）記号（物体、事象、音など）、（3）記号によって示される「意味」、の三つが関わっている。だが、三つのうちのひとつ、「意味」は実際には存在しないものだ。そして「刺激と反応」の関係性は一対一だ。

そこに潜在的なもの、間接的なものは関わっていない。

植物は、脳や神経系に似た生理的構造を持っていないのに、「あたかも持っているかのように」動いている。該当する器官を持っていないのに、「あたかもその機能を持っているかのように」動いている。だが、この「あたかも○○かのように」をいったいどう解釈すればよいのか？ カンギレムの著書によると、ベルクソンは「生命は、生命の認識と共謀して、あたかも自らと同じものを複製しようとしているかのように動く」と述べているという。一方、イマニュエル・カントの〈アルス・オブ（かのように）哲学〉はもっと慎重だ。[9] カント研究者であり、『かのようにの哲学』の著者であるハンス・ファイヒンガーは、「虚構の表現（あたかも○○かのように）」は「虚構はあくまでも虚構としてみなす」条件下であれば役に立つと述べている。「虚構」は、未知の真実を適切に表そうと試みて、後から獲得した知識によって是認または否認される「仮説」ではない。虚構とは、「不適切なやりかたで、主観的に、想像上で構築され、現実との偶然の一致などあるはずがないと承知したうえで示されたものであり、結果として〈仮説〉が求める〈事後の確認〉を受け入れられないもの」なのだ。[10] だとしたら、植物の「感覚」や「知覚」を「虚構」とみなすこと、つまり「あたかも○○かのように」と表現するのは不適切ではないだろうか？ もしこれが不適切とされれば、植物の外見に対する誤解はなくなり、動物との不適切な「類推」からも解放されるだろう。そして「あたかも○○かのように」という表現が使われるのは「非現実的あるいは実現不可能でありながらも何らかの結果が推測されるもの」が提示される場合のみとされ、そしてたとえそれがどれほど非現実的あるいは実現不可能であったとしても「その推測は形として維持されるため、一種の〈構造物〉とみなされ、そこから何かを理解したり、結論を引き出したりできるようになる」のだ。[11]「あたかも○○かのように」は、まさに植物の外見の観察が引き起こした認識論上の挑戦と言えるだろう。動物との類似点によって植物を認識するにはもちろん限界があるが、その一方で、そうせずにはいられないのもよくわかる。かつての「類推信奉者」たちは、植物には動物と同じ器官がないこと、動物と似たところがないことは知っていたにもかかわらず、植物という未知の存在のなかに動物的な既知のものを探しつづけてきたのだ。[12]だが、そうする以外に、植物の「栄養摂取」や「生殖」といった現象をどう説明したらよいだろう？　内部構造の違いにもかかわらず、すべての生物に共通の機能があるのなら、既知のものによって未知のものを説明したいと思うのは当然ではないだろうか？　たとえそうして互いの類似点が挙げられても、それらが「主観的な〈意味〉の世界（動物界）」と「客観的な〈照応〉の世界（植物界）」の境界線を越えることは決してない。問題はそこではない。こうした単純なやりかたでは、複雑で豊かな植物という存在を形容しつくせないことこそが問題なのだ。化学的、物理学的、地球レベル、宇宙レベルにおける植物の「照応関係」には無限性が見いだせる。一方、動物と人間の時間は有限だ。動物の生命は誕生と死によって区切られているからだ。植物の生命を理解する難しさのすべては、植物がほかの要素と築く関係性にある。その関係性には「主体」が存在しないため、植物は「主体と客体」の関係性を築かない。かなり複雑な関係性なので、存在論上の新しい定義を見つける必要がある。しかしだからといって、植物の機能について考察するのをやめて、植物には「意識」と「志向性」があるとみなしてしまえば（つまり、植物の動きは個性に左右され、植物同士は感情的な関係性を築いているとみなせば）、認識に関する契約を破棄することになってしまう。植物の生命は主観的ではない。だが、植物は「生命」なので、決して機械的で客観的な関係性だけを築いているわけでもない。

第6章　植物の擬人化——最近の社会現象について

ここで、植物の「擬人化」について考えてみたい。近年、植物を擬人化して論じる二冊の書籍が刊行され、各国語に翻訳されて世界中で読まれている。植物の「擬人化による認識」は、「類推による認識」とはまた別の問題だ。詳しい検証に値する社会現象と言ってよいだろう。植物に人間と同じ肉体と精神を与えるのにいったいどういう意味があるのだろう？　感覚があり、社会性を備え、感情を抱く生命として植物を描写するのはいったい何のためなのか？　植物を人間と同じ生物とみなすのは科学的に根拠がなく、そもそもわたしたちがふだん植物や動物を見て知っている事実に反しているのはわかりきっていることだ。

二〇一七年、ドイツで森林管理官を務めるペーター・ヴォールレーベンが『樹木たちの知られざる生活』(早川書房)という書籍を刊行した。[1] 樹木たちが何を「感じ」、どうやって「会話しているか」を教えてくれる本とされている。街中にポスターが貼られるなど大々的な宣伝の効果もあってか、ドイツ本国でベストセラーになり、現在までに三十二カ国語に翻訳されている。多くの人々を魅了し、わくわくさせ、満足させた作品で、のちに『樹木の会話を聞こう』(未邦訳)[2] というジュニア向けの本も出版された。だが、なぜ人々は樹木の「知られざる生活」にそんなに興味があるのだろう? 植物を擬人化した話にそこまで惹かれるのはいったいどうしてなのか?

ヴォールレーベンはこの本で、植物がいかに人間と似ているかを読者に納得させるのに成功している。

「どうして樹木たちは社会的な行動をとるのだろう?(中略)人間社会と同じで、みんなで助けあうほうが生きやすいからだ。(中略)病気になった者の世話をし、弱った者が元気を取り戻せるようにサポートする。仲間を見殺しには決してしない[3]」

「森林のなかには、孤独を好んだり、個人主義的だったりして、誰とも助けあおうとしない木もある。危険な兆候が見つかったとき、仲間にこういう気難しい者がいると警報の拡散が妨げられはしないだろうか? いや、幸いにもそうはならない。たいていの場合、菌類が助けてくれるからだ[4]」

「ずっと死と戦いつづけてきた樹木は、いよいよとなるとパニックに陥る[5]」

「ブナの子供は母親がいないのをさみしがる。だが、少なくともナラの巨木がその子を木陰にかくまってやるので、元気にすくすくと育っていけるはずだ[6]」

「だがいずれ、ナラの木がさじを投げるときがやってくる[7]」

「ゆっくりと休むべきときがやってきたのだ。わたしたちが忙しく働いた一日の終わりにそうするように[8]」

翌年の二〇一八年には、フィレンツェ大学付[9]の植物ニューロバイオロジー研究所所長であるステファノ・マンクーゾが、科学ジャーナリストのアレッサンドラ・ヴィオラと共著で、『植物は〈知性〉をもっている』（NHK出版[10]）という書籍を刊行している。すでに二十一カ国語に翻訳されているが、植物はこの本でも擬人化されており、とくに植物が「志向性」を持っているかのような書きかたがされている。マンクーゾとヴィオラはあえてそのように書くことで、植物が「明確な意志を持つ独立した存在」であると読者の心に植えつけようとしているのだ。著者たちによると、こうした書きかたは「植物が感情を持ち、会話をし、社会的で、知的な生物である」と示すときの「むかしながらのやりかた」の延長線上にあるという。植物は複雑な特徴を持っている生物なのだから、擬人化したり擬動物化したりするのは当たり前だというのだ。

「植物たちは、互いに話をし、誰が自分の家族であるかを見分け、さまざまな個性をアピールする」

「植物は、動物と〈まったく同じやりかたで〉身勝手なことをしたり、やさしくしたり、正直になったり、嘘をついたり、感謝したり、（中略）恨んだりする[11]」

この本では、読者を説得するために多くの実例を挙げている。こういう文章を読んでまず疑問を感じるのは、これはいったいどういう認識のもとで書かれているのか、ということだ。この本によって提示される「知識」とはいったい何か？　何かを「知る」とは、ほかのものとの共通点を見いだし、それを「まったく同じやりかたで」描写することなのだろうか？　この本によると、植物は動物のようにそれぞれ異なる性格を持ち[12]、家族関係を築いたり[13]、他者を思いやる行動をとったり[14]、運び屋になってくれるよう虫たちを説得したりするという[15]。さらに、つねに誠実であろうとする植物もいれば、自分を助けてくれる虫たちを騙そうとする植物もいるという[16]。「植物は物ごとを完璧に操作する能力を持っており、それを疑う理由はどこにもない」のだ[17]。これらの文章に漂うメルヘンチックな雰囲気は、まるでおとぎ話の世界のようだ。だがこれは、ボードレールが『万物照応』で伝えようとしたものとはまったく違う。

「自然は神殿だ。生きた柱が、

時折、混乱したことばを発する。

人間が象徴の森を抜けていく。

森の親しげなまなざしに見守られながら」

マンクーゾらの本によると、どうやらわたしたちが生きる世界は、見かけほどふつうではなかったらしい。世界は信じていたものとは違っていたのだ。一見そうとはわからなくても、わたしたちは人間と同じ特徴を持つ生物たちに囲まれて生きているらしい。これらの生物は、たとえ人間と同じ構造や機能を持っていなくても、人間と同じように陰謀を企んだり、二股をかけたり、寛大になったりするという……。だが、こうして動物のみならず、植物までもが人間として形容されること自体、わたしたち人間が「自分たちと同じもの」しか見ようとしない証拠ではないか？　わたしたちの怠惰な注意力を引きつける唯一の存在が「人間」だというだけではないか？　動物の行動に意味を見いだす行為は、哲学者、人類学者、生物学者、そしてそれ以外のふつうの人たちによって、擬人主義的だと批判されてきた。ところが、植物の擬人化はまったく批判の対象にされていない。いったいどうしてだろう？　それはおそらく、植物を擬人化したところで何の影響もないからだ。たとえ植物を生物ランキングの最高位に昇格させたとしても、わたしたちの日常は何ひとつ変わらない。それでもわたしたちは植物を食べつづけるだろうし、庭で育てている植物を刈りとったり、ある植物を育てるために別の植物を引っこぬいたりするだろう。結局、わたしたちは何ひとつ失ったり奪われたりせず、まるでおとぎ話の世界に入りこんだかのように、不思議な行動をする植物たちの夢を見つづけられるのだ。

もうひとつ、植物を擬人化する文章を読んで辟易（へきえき）させられるのは、まるですべてを見通しているかのようなその視点だ。動物たちがこちら側へ進み、植物たちがあちら側へ進んだ理由を、すべて知っているかのようなその視点。マンクーゾとヴィオラはこう述べている。

「はじめに定住と放浪のどちらを〈選んだ〉かによって、構造や機能に違いが生まれたのだ。動物たちは、自分自身の力で身を守り、栄養を摂取し、生殖を行なうと〈決めた〉。（中略）一方、植物は動かずにしてよりよく生きようと〈決めた〉ので、そのための独自の方法を探さなくてはならなかった[18]」

この本によると、植物は生きるために「戦略的な手段」に頼っているのだという。

「人間は、犬に食事を与え、世話をしてやる代わりに、危険から身を守ってもらい、よき相棒になってもらっている。じつは、植物もこれと同じ戦略を用いている。人間に食べられる代わりに、虫を除去してもらい、栄養を与えてもらい、そして何よりも地球上のどんなに辺境にでも繁栄できるよう手を貸してもらっているのだ[19]」

植物は、身勝手で、計算高くて、恨みがましくて、世界中を旅するのが好きなだけでなく、かなりの戦略家であるというのだ。この本の著者たちは、科学的根拠をなおざりにしてまでいったい何を言いたいのだろう？　あえて行なったと思われるこの擬人化を、本人たちは本当に信じているのだろうか？　自分たちが主張していることが正しいと心から思っているのだろうか？

この本と同じようなスタンスで書かれた記事は、一般向けの科学雑誌にも多く掲載されている。

「植物たちは思考する。彼らにも知性があったのだ」
「植物たちは自分で物ごとを決定し、記憶し、経験によって学ぶ」
「植物たちは互いに助け合う」
「植物は自らの頭の良さをアピールする[20]」
「植物の心を読むことはできるだろうか？」

これらのキャッチーなタイトルはすべて、記事を書いた科学者本人ではなく、雑誌の編集者によってつけられている。そのため、記事の内容が必ずしも反映されているとは限らない。実際にこれらの記事で紹介されている研究のおかげで、それまでわからなかった植物による複雑な反応がいくつも明らかになっている。電子測定機器を使って正確に測定されたために、刺激に対する植物の反応の物理化学的・生物学的なメカニズムも判明している。

確かに「擬人法」は、事実をわかりやすく説明するためや、隠喩として使うには有効な修辞法だ。身近でありながら実体がよくわからない存在について、多くの人々が親しみを感じられるだろう。しかしここで紹介した二冊の本での「擬人主義」は、明らかにルールを逸脱している。これまで見てきたように、植物と動物という正反対の二つの生命には、一本の線で結びつけられるものは何ひとつない。もちろんすぐれた大衆向け科学雑誌に、擬人化されたタイトルやサブタイトルをつけるのはごくふつうだ[21]。タイトルがそうだからといって、記事の内容が偏った考えかたであるとは限らない。だがこれら二冊の本に関しては、科学的な事実をわかりやすく伝えたいという意志も、編集上の都合であえてキャッチーにせざるをえなかった事情もまったく見受けられない。それに、信頼に値する科学者は、「植物の認知」や「植物のニューロバイオロジー」といった概念に対して、もっと慎重な姿勢を取るものである[22]。こうした、図々しく……とは言わないまでも堂々と行なわれている「擬人化」は、動物と植物の概念の検証も行なっておらず、単なる「類推」や「隠喩」では越えられない境界線をあっさりと越えている。だが、現実として境界線は存在しつづけている。「擬人主義」が植物と動物の境界線を越えたがるのはなぜか？　確かに、動物中心主義の世界において植物は最下等に位置し、「存在してはいるが、何も持っていない」不自由で無気力な生物とみなされている。しかしこの「擬人化」はそれに対する反発というだけでは説明がつかない。本書の第3部で植物の生命を倫理的・法的に考察しながら、この「社会現象」の検証の続きを行ないたいと思う。

第7章　植物の本質的な他者性——植物中心主義は証明できるのか

植物学者のフランシス・アレは、植物と動物にはそれぞれの特性があるとして「類推」を否定し、植物は「本質的な他者性」（異なる存在として区別される特性）を持つ生物であると主張している。このように、動物との共通点によって植物を認識する考えかたに背を向け、植物を唯一無二の生物とみなし、いわゆる「植物中心主義」[1]を提唱する科学者たちは少なからずいる。こうした方法論的な「脱中心化」は実際に行なうのはもちろん不可能だが、これを人間中心主義や動物中心主義に対する警告ととらえれば、新たな考察の出発点になるだろう。だが、この「他者性」とはいったい何か？　どうすれば「本質的な他者性」について知ることができるのだろう？　というのも、植物の存在のしかたは人間や動物とは対極にあるので、わたしたちはどう頑張っても植物の立場には立てないからだ[2]。

オーストリアの哲学者、エトムント・フッサールによって提唱された「他者における他者性を知るための条件」に照らすと、わたしたちが植物の他者性を知るのは到底不可能であるとわかる。たとえ科学的知識にもとづいて植物の外見を観察しても、その「本質的な意味」はわからない。自分とは異なる姿形をした生命を、いったいどう理解すればよいのか？　フッサールによると、他者における他者性を知るには、他者性を形成するときの自分自身を基準にして、その「変化形」として相手の他者性をとらえるのだという。だが、植物は「わたしたち人間の変化形」には決してなりえない[3]。自らの主観性を「感情移入」と「類推」によって他者の主観性として「再構築」するフッサールのやりかたは、植物には通用しないからだ。確かに動物たちもみな、わたしたち人間とは多かれ少なかれ異なる「形態」をしている。だが、人間とはまったく異なる姿形をした昆虫やクモでさえ、人間と同じように移動するための足を持っている。しかし、もしこうした動物たちにものを見るための目がなかったり、匂いを嗅ぐための鼻がなかったり、音を聞くための耳がなかったりしたらどうだろう？　「感情移入」と「類推」がしにくくなり、相手の主観性を「再構築」するのは難しくなるはずだ。「形態」のほかに「行動」も重要な要素だ。ここで言う「行動」とは「変化しつつも、つねに一貫性のあるやりかたで動くこと」を意味する。ある生物が「行動」すれば、それは「志向性を持つ生命」であるとわかる。「行動」は、その生物の心理を推測する手がかりになる[4]。だからこそ、わたしたちは動物には心があるとわかるのだ。フッサールはこう述べている。
「動物は〈衝動〉によるだけではなく、自らの論理にしたがった行動によっても動いている。だが植物の場合、単に〈衝動〉によってのみ動いている」[5]

ドイツの哲学者、マックス・シェーラーもこう言っている。
「あらゆる行動はつねに内面の状態をも表している」[6]

わたしたちは、二つの要素、つまり生物の「形態」と「行動」によって、その生物のなかに「意識がある生命の主体」を見いだせる。行動は「自我と環境世界」の構造を明らかにさせる。これは、フッサールが言うところの、すべての「有心的存在者＝動物と人間」に共通の、生きるための土台となる構造だ。ただし、「構造」は共通でも、その「内容」は動物と人間とでは異なる。動物は人間と同じものを知覚するが、人間と同じように知覚するわけではない。それはドイツの生物学者、ヤーコプ・フォン・ユクスキュルによる研究でも明らかにされている。動物は、種によって、生きかたによって、家畜かペットか野生かの違いによって、それまでどこでどのように生きてきたかによって、知覚のしかたがそれぞれ異なる。人間と同じものを「知覚」しても、そこに人間と同じ「意味」を見いだすわけではない。結局のところ、この「志向性」の基本構造である「自我と環境世界」以外に、わたしたちは動物について何を知ることができるだろうか？

植物が「経験している」と考えるのも適切ではない。植物に内面性はない。植物の生命は精神的でも、超越論的でもない。現象学的な意味においての植物の生命は、「世界とつねに相関関係にある主体によって経験されるもの」ではない。植物の「動き」は、環境のさまざまな要素との複雑なつながりから生じるものであって、主体が何かを見たり、何かに応答したりして生じるものではない。つまり、そこに世界との相関関係はない。植物に「環境」はあっても「世界」は存在しないのだ。ジョルジュ・カンギレムによると、「環境」はもともと機械工学における概念で、十九世紀から生物学でも使われるようになったという。社会学者のオーギュスト・コントはこれを次のように定義している。

「環境とは、それぞれの生物にとって生存のために必要とされる、外部の状況全体である[7]」

植物にとっての「環境」はコントの定義どおりだが、動物にとってはそうではない。カンギレムは、動物学者のルイ・ルールが一九三〇年に書いた『河川の生活』の一部を抜粋して、次のように批判している。

「ルイ・ルールは〈魚は自分の力で生きているのではない。河川によって生かされているのだ。魚は個性を持った個体ではない〉と書いている。（中略）だが、これは動物機械論への後退だ[8]」

一方、植物は「環境によって生かされている」とみなすことができるだろう。そしてそれはおそらく、宇宙レベルの広大な環境だ。しかし、動物にとってそれは「最悪の状況」であると言える。「環境によって生かされている」とは、研究所での「動物実験」と同じだからだ[9]。それは束縛された環境であり、動物自身のものではないばかりか、動物を完全に支配しようとする。もともと動物は自らを中心とした環境を自分自身で作っている。動物にとっての「生物と環境との関係性」は植物とは正反対だ。環境が動物を作るのではなく、動物が環境を作るのだ。

　シェーラーによると、植物にあるのは「成長し、生殖を行なう欲動」だけだという。生物の「精神の成長」の第一段階に当たるのが、植物における「衝動（感情衝迫）」だ（だが、植物の「精神の成長」とはどういう意味か？　これはシェーラーの著作における大きな矛盾点だ）[10]。しかし、この「衝動」を、生物が動物に進化したときに初めて現れる「感情」や「認知」と混同してはならない。植物に知覚器官はない。植物が成長するようすを観察した植物学者たちによって、まるで知覚器官があるかのように描写されることもあるが、実際はそのような器官などない[11]。植物に「欠如」しているものを挙げると、まず、植物は動物のように自分の意志で動いたり、居場所を移ったりできないので、行動範囲や自由が制限されている。中枢神経、感覚神経、運動神経といった「動き」に伴う生理的機能も持っていない。通常、生きることの現実味は「自分のために存在すること」、つまり「自分で自分についてわかる内面性を持っていること」から生まれるが、植物にはそれもない。植物は「外在性」という特性を持つ、自分の外側に生きている生物だ。植物の動きはつねに外へ向かっており、その動きをもたらす「衝動」は、いわば「我を忘れた」状態にある[12]。有機体としての自らの状態を自分の中心に伝えることは、植物にはできない。内省は植物の生きかたではない。植物の生命は自分自身を振り返ったりしない[13]。内面性がないのは、自分の内側の状態を意識しない、つまり「志向性」がないということだ。なぜなら「意識とは、自分の〈感覚〉が自分自身に返ってきたときに初めて生じるもの」であるからだ[14]。もし植物に感覚があるとすれば、それは行動主義やその継承者であるデカルトの思想の概念上に存在するもの、「感じる主体を持たない感覚」である。だが、こうした「機械論」的な考察にあまりこだわるべきではない。わたしたちに「生気論」について教えてくれるものがあるなら、それは植物にほかならないからだ。植物にとって生命はたいていの場合は最優先される。

動物固有の特徴の否定形（「○○がない生物」）以外の方法で植物を認識しようとする現代の植物学者たちは、この「欠如」という単語を断固拒否するだろう。だが近年の研究によって「欠如」ということばで植物を形容するのは適切で筋が通っていると判明しており、またこのように植物を動物と区別することで、植物の認識を擬人化や擬動物化に頼らずに済むようになる。もちろんだからといって、植物には特徴がないと言いたいわけではない。「○○がない」は定義になりうるのだろうか？　マックス・シェーラーは、動物を基準にして植物に「欠如的な定義」を与えることを提案している。植物に「欠如しているすべて」がひとつの形を作りだしたときに、「○○がない」は定義になりうるというのだ。

「わたしたちが〈性向の生命〉と呼んでいる動物の特性を、植物は持っていない。植物にあるのは、〈衝動（感情衝迫）〉にもとづいた〈成長し、生殖を行なう欲動〉だけである。（中略）植物は、自分で食べるものを選ばず、生殖のために自ら積極的に動いたりしない。（中略）動物のように、食べものを探すために別の場所へ移動したりしない。つまり植物は、自発的に動く動物と比べて活動範囲が狭く、感情がなく、固有の性向がなく、互いに協力しあわず、条件反射を行なわず、運動神経や感覚神経も持っていない。生物としての植物の構造を見れば、こうした〈欠如しているすべて〉を誰もが明白に理解できる[15]」

生化学的に欠如しているものによって植物を特徴づけるのは、動物や人間と「類推」したり混同したりせずに、植物を哲学的に考察するための第一歩となる。

もしも、動かない、感情がない、自給自足している植物の生命を基準とするなら、自分勝手に動きまわったり、感情を抱いて苦しんだりするのは「病気」とみなされるのではないだろうか？　このような生命を生きている個体は、自らの限りある生命、本質的な壊れやすさを知っているがゆえに、つねに脅えながら生きざるをえないのではないか？　通常、植物は、複雑な機能を持つ動物に見られる特性がことごとく「欠如している」ため、生物ランキングで最下等に位置づけられる。だが、もしかしたらそれは逆ではないか？　ある意味では、植物のほうが動物や人間より高いレベルにいるのではないか？　ドイツの哲学者、フリードリヒ・ヘーゲルは言う。

「生物は、動物のレベルになって初めて〈不安、恐れ、不幸せ〉という感情を抱くようになった。ほとんど未知のものしかない外の世界に脅かされる存在になったのだ[16]」

こうして動物は、外の世界につねに立ち向かわなくてはならなくなった。一カ所にとどまっている植物はそうしたこととは無縁だ。植物にとっての生きる戦略は、環境に順応し、その環境に強いられたものを受け入れるだけだ。さまざまな困難にぶつかっても、植物が敗れることはめったになく、あっても一時的にすぎない。自分自身の残骸からまた復活できるからだ。

心理学的な観点から見ると、植物は人間の心を癒してくれる存在だ。都市部に整備された「緑地」は、心の安らぎを得られる場所であり、[17]わたしたちは自然に囲まれると穏やかな気持ちになれる。[18]ジャン＝ジャック・ルソーにとっても、植物学研究と植物採集は「癒し」だった。どうして植物に触れると「恨みや憎しみの種」が消えるのだろう？　日々のつらさから心が解放されて気晴らしができるのだろう？　ルソーはこうした「奇妙な感じ[19]」を覚えたからこそ、植物を研究したいと思うようになったのだ。

「これは、意地悪な連中に対するわたしなりの復讐だ。どんなに意地悪をされても楽しそうにしていることこそが、やつらに対するもっとも効果的な仕返しになるだろう[20]」

ルソーは自己分析をするなかで、思索に伴う「楽しさのかけらもない、つらくて重たい感情[21]」を、植物採集によってもたらされる夢想や眩惑と対立させて考えるようになっていった。植物学者として植物を観察すると、なぜかその輝きが消え、美しさが陰り、緑の風景も色あせてしまうからだ。

「わたしはかつて（中略）植物界を、自然によって人間や動物に与えられた栄養の宝庫とみなしていた。ところが今、田園地帯を歩いていて、この草は熱冷ましになる、痛風によく効く、てんかんを治療できるなどと考えれば、こうした病的な気持ちのせいで自然のなかにいる喜びを台なしにしてしまうように思うのだ[22]」

ルソーによると、植物学研究はそれほど難しい作業ではないので、植物好きなら誰でも気軽に始められるが、その一番の効用は大きな気晴らしになることだという。

一方、形而上学的な観点から見ると、植物は人間に特別な経験をさせてくれる存在だ。植物の世界に我を忘れて入りこむと、自らの感情が希薄になる。哲学者のガストン・バシュラールは、著書『空と夢　運動の想像力にかんする試論』（法政大学出版局）で、リルケの散文について言及している。若い男が、低木の二股に分かれた枝にもたれかかっている。男は「自然のなかにすっぽりと入りこみ」、彼自身と彼の心を占める宇宙との力のバランスだけをただじっと見つめている。男は何も考えていない。その視線の先には何も色づかず、何も形づくらない。（中略）からっぽのまなざしをしている[23]。リルケはこう書いている。

「それはあたかも、木の内側で生じたほとんど感知できないほどの小さな振動が、彼に伝わったかのようだった[24]」

若い男は平穏を感じていた。植物の生命は、次々とあふれ出て、もつれ合い、どこからどこまで続いているのかわからなくなり、永遠に再生しつづける。形而上学的な原則によって、「男は植物の生命を経験することで、世界の反対側から、大きくてゆったりとした意志のすぐそばへと動かされている」のだ[25]。

植物は、生まれてすぐに姿を現し、「衝動」によってのみ動き、誕生するときの「別れ」を知らず、死による取り返しのつかない断絶も知らず、ゆっくりと自らの足下に崩れ落ちたかと思うと、また別の場所で再生する。逆境に動じず、ある意味ですべてに無関心でありながら「反世界」を形づくっている。だが、人間とはまったく異なる植物の生命は、そこにただそうしているだけで、わたしたちに恐ろしい経験をもたらすことがある。ジャン＝ポール・サルトルの小説『嘔吐』の主人公、アントワーヌ・ロカンタンは公園で次のような経験をしている。

「ぼくが座っているベンチの真下で、マロニエの根っこが土のなかに潜りこんでいた。だが、それが根っこであるとぼくにはわからなかった。（中略）ぼくは首を垂らし、少し猫背ぎみに座っていた。ひとりきりで、黒くてごつごつした野性的な塊と向き合っているのが恐ろしかった。（中略）そのときまで、ぼくは〈存在する〉ということが何を意味するのかまったくわかっていなかったのだ[26]」

第2部　植物とはどのような存在か

植物の進化には見られず、動物の進化だけに見られる大きな特徴は、「依存度」をはかる単位だった「空間」が「自由度」をはかる単位へと変化していったことだろう。その変化は、「移動する能力」と「遠くから知覚する能力」という、二つの能力が発達したプロセスと並行している。（中略）同様に、「超越性」をはかる単位だった「時間」のほうは、「感情」という第三の能力の発達に伴って、自我と客体との距離をはかる単位へと変化していった。

ハンス・ヨナス『進化と自由』

第1章　植物の生命の本質——「生命」は「生存」ではない

　植物とはどういう特徴を持つ存在なのか？　植物の生命の本質はどこにあるのだろう？　わたしたち人間は植物の立場には立てない。植物はあらゆる点でわたしたちとは異なるため、同じ生命を「経験」するのは不可能だ。だとしたら、わたしたちに植物の本質がわかるのだろうか？　確かに、動物や人間と比較すれば、植物を「〇〇がないもの」と否定的に言い表すことはできるだろう。初めにこうした「欠如的な分析」をしておくのは、植物と動物の違いを明確にするには必要だ。それによって、植物の「本質的な他者性」の輪郭が見えてくる。動物や人間の特性が植物に欠如しているとしたら、植物はそれを自分の内面に持っていないということだ。植物の特徴を明らかにできれば、その無限の生命力の秘密を探ることができるだろう。

ドイツの哲学者、マルティン・ハイデッガーは、「ダーザイン（ハイデッガーが提唱した概念で「自己を現にそこにあるものと意識している存在＝人間」のこと）」をほかのすべての生物と区別しているが[1]、こうして動物と植物を同等化してしまう考えかたは現象学的には理解しがたい。これに同意するのは、動物と植物の違い（植物にはないはずの「自発性」も含めて）に無頓着な生物学主義者くらいだろう。ハイデッガーの研究対象は「動物性の本質、すなわち一般的な生命の本質」だ[2]。無数の種に分かれるすべての動物には共通するひとつの本質があるとし、それについて調べるのが大切なのだという。そして驚いたことに、この本質は植物にも共通するというのだ。つまり、人間だけが「存在＝ダーザイン」であり、動物と植物はどちらも「生命」なのである[3]。ハイデッガーは「動物と植物は存在論的に考えると同じグループに属し、どちらも〈世界〉と言語を持たない」と述べている。

「植物と動物が言語を持たないのは、それぞれが自らの環境に閉じこめられているからだ[4]」

「植物と動物は、今の平穏な生きかたに満足している限り、言語を持ちたいと思うことは決してないだろう[5]」

ハイデッガーは、著書『形而上学の根本諸概念　世界―有限性―孤独』で、鉱物、動物、人間における「世界」についても考察している。生物の一例としてハチを挙げ、その行動における構造はほかの動物たちとも共通しているとしてこれを「欠如的な本質」の「手本」とし、植物の本質もここから推論されるとした。つまり、植物は動物と同じように「ふつうの生命」のサンプルのひとつであり、動物と植物は同じように「欠如的なやりかたで」生きているというのだ。

わたしたちは本書の第1部で、動物の生命に特有の性質、つまり、感覚、知覚、行動などを還元主義的に定義することで、植物にも当てはめられると述べた。その場合、その定義は「刺激に対する反応」という「原因と結果」の形を取る。ハイデッガーはこれを根拠にして、生物における反応はすべて物理化学的に説明がつくはずだと考えたのだ。レイモン・リュイエによると「物質主義者はつねにもっとも下等なレベルで解説しようとする[6]」からだ。内面性がないものは行動の自由がないので、その点で植物は動物と同様に「わかりやすい」生物とされる。一方、哲学者のミシェル・フーコーは、十八世紀から十九世紀にかけて活躍した博物学者、ジョルジュ・キュヴィエについて書いた文章で、動物と植物の生命の性質の違いについて触れている。十八世紀末、「タクシノミアとマテシス（分類学と代数学）」によって構築された平面的な知識は、近接的で非連続的な「あいまいな垂直性[7]」の知識に取ってかわられた。フーコーによると、従来の「図表上での思考[8]」においては、成長する姿が目に見える（平面的で明白である）植物は理想的な「手本」とされた。ところが、「骨組みと器官が内側に隠されていて（中略）生命を維持しようとする力を自らの奥底に秘めている[9]」動物の生命を理解するには、植物を「手本」にして考えることはできないのだ。

「もし生物が同じひとつのグループに分類される存在であるなら、その本質をもっともよく表しているのは植物だ。だが、もし生物を〈生命を表明するもの〉とするなら、その生理学的な内面性を考えると、生命の謎をよりわかりやすく表明しているのは動物だろう。なぜなら、植物は移動性と不動性、感覚と無感覚との間に位置しているが、動物は生と死の間に位置しているからだ[10]」

さらにわたしたちは本書の第1部で、植物を擬人化または擬動物化する文章を挙げながら、植物の動きや化学物質による情報交換は、本当に「志向性」や「知性」や「自由度」を表しているのか、それともそれらは単に「見せかけ」にすぎないのかを考察してきた。アカシアの木がクーズー（主にアフリカに生息するウシ科の動物）に葉を食べられると、その木の周辺にあるアカシアの木はすべて毒性のあるタンニンを分泌するようになる。植物生態学者のジャック・タッサンはこれを「化学的な識別」によるとし、クーズーに対する報復のためとか、アカシアの木たちは密談をして作戦を立てているといった説を一笑した。

「そんなものは、植物がわれわれ人間と同じように心を持っているという妄想を満足させるために作られたイメージにすぎない[11]」

つまり、これは「見せかけ」の心理行動にすぎないのだ。ショーペンハウアーが「自然の意志」と呼び、生物学者が「物理化学的な交換」と呼ぶこうした事実に、「意図」や「感情」や「仲間同士の共謀」を見いだすべきではない。

ほかの例を挙げよう。植物は自然の振動現象を感知するが、これに対してそれ以上の意味を与えるべきではない。「植物は音楽愛好家だ」、「植物は音を聴いている」などと結論するのは間違っている。ところが多くの人たちは、物理現象に対する無知から、そして植物を擬人化するベストセラー本の影響のせいで、物理的な現実を魅惑的な妄想に変えてしまう。その詳しいしくみは徐々に解明されつつあるが、植物は単に粒子や波動がもたらす現象に敏感に反応しているだけだ。「植物は、心のなかにイメージを抱いたり、空間を感知したりはしないので、距離があるものに対して感情を抱きはしない[12]」

結局のところ、次の二つの選択肢が考えられるだろう。

ひとつは、個体化された存在を含むあらゆる生命は「刺激に対する反応」で動いているとするもの。つまり、人間、動物、植物のいずれも、志向性、内面性、自由を持っていないとみなす。みな同じ物理化学的な法則にしたがって生きている。哲学者が存在論的な考察を行なう場合もこの法則にしたがわなくてはならない。

もうひとつは、生命は「生存」のしかたによって理解されるべきだというもの。つまり、観察によって知覚される存在のありかたによって「生命」を区別する。その存在が生きる環境、別の生物たちや自分自身との間に築かれる関係性によって、植物や動物といった本質的な生命の違いが生まれるとするのだ。現象学者のルノー・バルバラスは「生命」と「生存」の違いをこう述べる。「生命は、非常に強くて永遠に続く衝動、あるいは、生を統治するものだ。だが〈生命〉は経験をしないので、その点は〈生存〉とは異なる[13]」

一方、哲学者のアンリ・ベルクソンはこう述べる。「〈生命〉は、自らにとどまって物体とは逆方向に向かって働く力であり[14]」、その物体を突き動かすのと同時に、その物体によって抑制される。「生存」は、死すべき運命にある生物によって実際に経験される「生命」である。生命は、死すべき運命にある場合にのみ生物になりうる。「そして生命が死すべき運命になりうるのは、非常に強くて永遠に続く力を失ったときだけである」[15]

生物による実際の経験は「目標と実現の間」にあり、「存在論的な距離」のなかに位置している。[16]もしかしたら植物は「非常に強くて永遠に続く力」としての生命にもっとも近い生物なのではないか？　植物は「死すべき運命の生物」のような生きかたをせず、不安を抱かず、無関心だ。植物は、分割することで再生し、壊滅状態から何度でも生きかえる。植物に距離はなく、自らの環境に内在する。植物には「生命」はあるが「生存」はない。

わたしたちは存在の「前二元論」的な問題に直面したときに、右に挙げたひとつ目の選択肢を採用しようとする。たとえ存在を二つに区分する（魂と肉体、形態と物体、主体と客体など）ほうが物ごとを理解するのに都合がよいとしても、こうして生まれた関係性には必ず解決できない問題が生じ、結果的に二元論の論理はいつも行き詰まってしまうからだ。現在、精神の「剝製化」計画を推し進めている物質主義的な一元論は、「生命」……いや正確に言えば「生存」の特殊性を否定し、やや複雑な構造ではあっても結局は「物体」にすぎないと主張している。自発的な動きによる行動の「自由」を否定し、個体の精神に刻まれた生命の「歴史」の重みを無視し、生存における「経験」の次元を見て見ぬ振りをすることで、人間と動物、植物を混同する。ところが、この「経験」の深さそのものである「距離」こそが、一方は植物、そしてもう一方は動物と人間の二つの間に存在論的な断絶を生みだしているのだ。「経験」は、現象学上では「可能性の条件」（超越的存在と、その存在の意識への現れかたとの相関関係の推測）と定義づけられ、経験主体はまわりと直接的ではない関係性を築き、目指すものから離れたところにあり、本質的には「行動」つまりは「欲望」であるとされる[17]。結局のところ、「主体」とは、経験によって、経験のなかで、経験の中心で生きる存在なのだ。

二つ目の選択肢の場合、「主体」は欲望し、知覚し、悲しみ、死の脅威に絶えずさらされる存在とされる。こうして生きている存在は、必然的に「環境」から切り離されている。自らが欲するものと離れたところにいるため、一部が欠けており、自分自身とは完全には一致しない。この存在によって欲されるものは、その存在から切り離されたことで「意味」を持つ。本質的な意味での「主観性」とは、こうして物ごとを可視化する力、つまり、生化学的にではなく「経験」によってまわりの世界の事物や存在に「意味」を与える力である。経験によって「意味」を与える力を持つのは、その存在が精神的な生命、つまり、深層を持つ生物ということである。

第2章　植物は知覚世界を持っているか

植物と環境との関係性、そして動物と環境（ただし動物の場合は「環境」というより「実際に経験される世界」）との関係性は、存在論的に見ると大きく異なる。ドイツの哲学者のヘルムート・プレスナーは、同じくドイツの哲学者で生物学者のハンス・ドリーシュ[1]の概念を引用して、生物と外の世界との関係性を「オープン（開放的）」と「クローズ（閉鎖的）」の二タイプに分類している。ドリーシュは、生物の胚が成長するまでの過程を「基本形態発生プロセス」、成長して安定した形態の胚を「基本器官」と称している。この「基本器官」は有機体を構成する一部であり、その生物の進化の歴史を示す特徴を備えている。一方、「基本形態発生プロセス」は、動物では行なわれるが、ほとんどの植物では行なわれない。動物の基本器官は内部で形づくられるが、植物の場合は外部で形づくられるからだ。だからこそドリーシュは、動物を「完結した形態」すなわち「クローズ」、植物を「完結しない形態」すなわち「オープン」と呼んだのだ。そのため、動物と植物にとって「時間」はまったく別の意味を持っている。動物にとっての時間は有限だが、分割しながら生きつづける植物にとって時間は無限である。だがこれは、あくまで生物の「生きかた」にすぎず、これだけではその生物の「生命」についてはわからない。そのため、プレスナーはドリーシュの概念に共鳴しつつ、ここに「位置性」（生物と外の世界との関係性の基本構造）という独自の概念をつけ加えている。プレスナーによると、有機体のレベルを存在論的に考察するために作られたこの「位置性」という概念は、思索によって構築されたのではなく、「わたしたちが知覚する事物の目に見える構造[2]」であるという。

つまり、「オープン」と「クローズ」の形態の違いは、植物と動物の生命の存在論上の違いを示してもいるのだ。「オープン」な形態の場合、有機体は「自らの環境において、自らの生命力を表現するあらゆるものに組みこまれ、自らに対応する生命の循環に依存してその一部となる[3]」。つまり、植物は「全面的に」環境に同化するのだ。一方、「クローズ」な形態、つまり動物の場合、有機体は自主性を保ちながら「間接的に」環境に組みこまれる。哲学者たちはこうした考えかたにもとづいて、動物の特殊性についてさまざまな考察を行なっている。そのひとりであるハンス・ヨナスは、「個体とは世界と同化していない存在」であり、「世界に同化していないほど、個体である可能性が高く」、「個体性は非連続性を伴う」と述べ[4]、二つの形態の違いを指摘している。

オランダの生物学者、フレデリック・ボイテンディクもプレスナーの「オープン」「クローズ」概念をベースにして、植物と動物を分類する境界線を制定している。ボイテンディクは、現象学的なアプローチによって動物特有の存在論上の性質について考察している。動物は「植物に比べて外の世界と距離がある、というよりむしろ、完全に自立している。つまり、自分自身にとっての〈存在の新しい土台〉を自分に対して示す位置にいる」[5]という。「存在」こそが動物の生きかたである。「経験される生命」を生きるもの、固有の実体あるいは主観性を持つもの、個体性を備えた存在……これらはいずれも動物と人間の特徴とされる。

「動物と人間は、ただ〈生存〉しているだけではなく〈存在〉している。つまり、まわりの世界との関係性を築いている。（中略）まわりの世界も、動物や人間にとって〈意味を持つ構造〉として、動物や人間とともに、動物や人間のために、動物や人間を通じて〈存在〉している」[6]

では、植物にとっても「意味を持つ構造」は存在するのだろうか？　そもそも「意味」とは何か。ここで言う「意味」とは「知覚したり感じたりする主体によって変動するもの」ではなく、「受け手にとって不変性を備えたもの」である。この「意味」は、生物学者のヤーコプ・フォン・ユクスキュルが提唱する、動物の「環世界」（種ごとに特有の知覚世界）概念に大きく関わっている。では、動物と同じように、植物にとっても「意味を示すもの」または「意味を持つもの」（この違いは追って説明する）で構築された世界は存在するのだろうか？

ユクスキュルによる動物に関する考察では、マダニ（ダニの一種）の事例がよく知られている。マダニは視覚と聴覚を持たない代わりに嗅覚が発達しており、哺乳類がやってくると匂いで感知して、その血液を吸って生きている。哺乳類が発する酪酸の匂いを「信号」[7]として受けとったマダニは、それに対する「反応」として哺乳類の上に飛び降りて血液を吸う。哺乳類がテリトリーに入ってきた情報をさまざまな情報のなかから区別できるからこそ、マダニは「主体」になりうるのだ。だが、マダニは「獲物を待ちかまえて[8]」はいない。わたしたち人間は、こうしたマダニの行動に「目的追求性」があると考えがちだが、ユクスキュルによると、目的を追求するために行動するのは「高等動物の哺乳類[9]」だけだという。そして、無機物を栄養源とし、地面に根を下ろして動かない植物は、マダニ以上に目的追求性がない生物とされる。動物は「機能の循環」（知覚した信号に対して行動で反応すること）によって環境に適応しているが、これは「隠れた目的[10]」、ユクスキュルが言うところの「自然の生命計画」にしたがっているからだという。だが、忘れてはならないことがある。ユクスキュルの主張は、生物学から機械論的な説明を排除するのが一番の目的だったのだ。

ユクスキュルの主張によると、マダニは「知覚し、行動する」から「主体」とされるのだが、すべての動物がそういう理由から「主体」になるわけではない。

「犬が走るのは、個体が足を動かしているからだ。ウニが動くのは、足が個体を動かしているからだ[11]」

マダニが自らに特有の環境、つまり「環世界」を持っていると考えるのはよいとしても、その後も研究を進めたユクスキュルは、動物の「環世界」には「機能の循環」とは相入れない特徴を持つ要素があると認めざるをえなくなった。その要素は客観的な現実を示さず、その「意味」はある個体にとっては共鳴できてもほかの個体にとってはそうではない、「完全に主観的」なものだ。[12]ユクスキュルは、マダニより複雑な作りをした動物の世界を研究したうえでこう結論している。「動物界においてのそれぞれの主体は、主観的な現実しかない世界、環境そのものが主観的な現実しか示さない世界に生きている[13]」

つまり、主観性こそが動物の環境の土台であり、そうした環境こそが現象学的な意味での「世界」と呼ばれるべきものなのだ。

だからこそ、たとえ「環世界」を生物が「機能の循環」を行なう場と単純化して説明するのが可能だとしても、植物にも「環世界」があると考えるのは適切ではないのである。

それぞれの植物には何らかの突出した要素が存在し、植物はそれに対して反応をする。だから、何が植物に反応を起こさせるかは観察をすればわかる。ユクスキュルは、「わたしは環境心理学という門外漢の分野に手を出した[14]」と断りを入れたうえで、植物に知覚と行動のための器官があるという考えかたを否定し、植物にとっては「意味を持つもの」もなければ、知覚と行動によって行なわれる「機能の循環」もないとしている。つまり植物は「自分のための環境を作り、それを支配する[15]」ことはできない。植物は、自らが置かれた生息地に溶けこめるので、「環境を作るための器官[16]」を必要としない。「生息地」は「環境」ではない。たとえば、わたしたちは植物の「生息地」を

「円で印をつけて囲む[17]」ことはできるが、無限に広がっていく可能性のある動物の「環境」をそのように指定はできない。だが、これら「生息地」と「環境」の相違点はこうした地理上のことだけではない。

「植物と生息地との関係性は、動物と環境との関係性とは根本的に異なっている。だがそこには、〈選択〉によって関係性を築くという唯一の共通点がある。植物と動物のいずれも、外の世界の出来事から自らにとって適切なものを〈選択〉している[18]」

この「選択」は、前述した「自然の生命計画」にしたがって行なわれる。現象学者のドラゴス・デュイキュによると、これは一種の「不変である超主体」によって作られる「永久計画」であり、動物や植物に関わる相互関係や関係性[19]はそれによってあらかじめ決定されているという[20]。

ユクスキュルは、「意味を持つもの」と「意味を示すもの」とをはっきりと区別している。前者は動物に、後者は植物にそれぞれ特有のものだ。ユクスキュルによると、動物と植物はいずれも「刺激」を感じるが、植物の場合は「感覚器官」ではなく「生きている細胞の層」によって感知するという[21]。したがってそこには、知覚した信号に対して行動で反応する「機能の循環」はない[22]。感覚器官と神経系を持たない植物は、知覚せずに行動する。

「意味」の話に戻ろう。ユクスキュルによると、「事物が〈意味を持つもの〉に変化するのは、そこに関係性が築かれるときだけである[23]」。その「意味」は主体によって与えられる。事物の特徴自体は不変だが、そこに何らかの「意味」を見いだすのは観察者だ。つまりこの場合の「意味」とは、前述した「受け手にとって不変性を備えたもの」ではなく、「知覚したり感じたりする主体によって変動するもの」だ。ひとつの事物に対して唯一の意味しか与えない生物は、ひとつの事物に対して複数の意味を与えうる生物とは異なる存在だ。固定されない主観的な視点から生まれた「意味」は多義的だが、固定された客観的な基準にしたがって生命の欲求から選択された「意味」は一義的だ。植物にとっての「意味を示すもの」の「意味」とは、「あらゆる生物にとってもっとも重要な問題[24]」だ。植物という生物は、動物のようにあいまいな生命を生きていない。

ユクスキュルのこうした「意味」に関する考察は、植物に「環世界」があるかどうかを見極めるのに役立つとともに、プレスナーが訴えたように、外見の観察だけにもとづいて植物と動物の境界線を決めるのがいかに危険であるかを示している[25]。細胞だけで構成される植物は、おそらく植物と同じように単純な構造をした動物も含めて、ボイテンディクが言う意味では「生存」も「存在」もしていない。メルロ゠ポンティの思想にしたがうと[26]、こうした生物は状況に対して「行動」によって反応しない。生きている有機体としての反応はしても、生命の歴史を精神に刻みこんだ個体としては反応しない。個体が自ら選んだ状況、立場、場所のどこかにいるのは、変化していく環境との変動的な相関関係にあることを意味している。生物が「行動」するための絶対的条件は、「ある場所にいて、その場所と関係を築き、その場所に組みこまれる」ことの三つだ。これらの条件が満たされれば、その生物は「状況に適応している[27]」と言える。「行動」は「状況に適応するためのすべての行為であり、経験したことの意味と志向性のある動きを表現する」のだ[28]。動物にとって生命を生きるとは、ヘーゲルとボイテンディクが言うところの「不安を生む自主性」を持つがゆえに「絶え間ない変化のなかでつねに自分自身でありつづける[29]」ことだ。だが、植物は経験をせず、不安も抱かない。むしろ、純粋な力そのものである。

動物の生命の存在論上の基準は、自主性、自発的な行動、環境との相関関係、「クローズ（閉鎖的）な形態」にある。動物は、自らを対象化させる存在（対自的）であり、「経験する実体」でもある。自分自身とは完全には一致しないので、自分自身を省みることができる。本質的な媒介者である。自らのさまざまな部位を統合して表現し、プレスナーによると「内側に中心があり、中心が出現することで実体が二分割される[30]」。こうして「物理的実体」が「経験する実体」になるのだ。この「中心」はまるで有機体に組みこまれているかのように、どこにあるかを特定はできない。「生命体の位置性の構造要因としての空間的中心[31]」なのだ。この「中心」は生命体の原動力であり、そのおかげで生命体は「経験する実体」になれる。一方、植物には、茎、葉、花、果実があるが、これらが統合して形づくられる「自己」は、「〈経験する実体〉として自らの実体に対象化させる存在[32]」にはなりえない。実体における「中心」の形成は、その位置性に本質的な変化をもたらす。「意識の存在に関わるあらゆる現象[33]」を生じさせるからだ。ヘーゲルによると、植物の主観性は「即自的」（自らの存在が自足している状態）でしかなく、決して「対自的」（自らの存在を対象化している状態）ではない。植物には、真の内面性がなく、真の性的関係を持たないのに加え、運動機能もない。そのため、自分で決めたのではない場所に根を下ろしたが最後、そこから逃げだすことはできない。だがそれは、自然発生的に成長し増殖していくプロセスが中断されないためには必要なのだ。運動機能がない植物は、今いる場所の特殊性に気づかない。もし、植物がその場所から逃げだして、外の世界との連続的な関係を断ちきれれば、真の主観性を持つ生物として存在するようになるだろう。つまり太陽光のなかで、自らの外側に探しあてた「自己」を内面化できるようになるのだ。[34]

第3章　植物は個体なのか――個体性と自己同一性

「個体性[1]」と「自己同一性」はどういう関係にあるのだろう？　自己がなければ個体はなく、個体がなければ自己はないように思われる。一般的な「個体性」の定義にしたがえば、植物は個体とは言えない。「個体（アンディヴィデュ）」とは「分割（ディヴィジョン）できないもの」、もし分割したら壊れてしまうものを意味する。ところが、植物は分割することで別の個体を生みだせる。ヘルムート・プレスナーはこう言っている。

「ある偉大な植物学者は、植物に〈可分体〉という名を与えている[2]」

次々と分割できるのは、植物に「自己」がないことを示していると考えられる。そうやって絶えず「中枢」を放棄していながら、いったいどこに「自己」があると言うのだろう？　そもそも植物の「中枢」はどこにあるのか？　茎、幹、葉、枝、花、それとも何千本にも分岐している根にあるのか？　形態学的には「中心」がなく、生物学的には「自己」がないのが植物と言えるだろう。接ぎ木がふつうに行なわれるのも、植物に「自己」がないことを示している。これは植物学的には重要な事実だ。接ぎ木、つまり移植が可能なのは「免疫システムがない」ことを示しているからだ。免疫学者のジャン・ドーセは、ナシの木をリンゴの木に接ぎ木できることを例に挙げて、「いったいどこに自己があるのか」と問いかけている。[3]　また逆の立場から、ウイルス学者のジャン＝ミシェル・クラヴリーはこう述べている。

「移植ができないことは、明らかに生物学的な〈自己〉がある事実を示している[4]」

一方、免疫学者のトマ・プラドゥは、多くの植物が、病原体に侵された細胞が死滅するようプログラミングされた免疫反応を示すとして、植物に自己がないという説を疑問視している。[5]　だが、侵入者から身を守れるだけで、その有機体に「自己」があると結論してもよいのだろうか？　もし「自己」があるなら、自分の実体について「意識」とまではいかなくても、少なくとも「感情」くらいは持っているべきではないだろうか？　そもそも、「自己」は心理学や哲学で誕生した概念で、植物学においては慎重に扱われている。論文ではつねにカギカッコつきで引用されており、植物学に取りこまれた概念としては用いられていない。医師のアンヌ＝マリー・ムーランによると、「自己」という概念が人間生物学で使われるようになったのは一九六〇年代以降だが、それに伴って免疫反応は「有機体が自己とは異なるものを区別し、それに対して反応し、動くこと」とされるようになったという。[6]

だが、細胞の免疫反応などの生物学的な定義ではない、もっと広い意味での「自己」の定義があるはずだ。自然人類学者のエドゥアルド・コーンはこう述べている。

「自己は、脳がある動物だけのものではない。植物にも自己はある。また自己は、物理的な境界のある有機体と共通の外延（その概念に対応する事物）を持っているわけではない[7]」

記号を記号によって解釈するプロセスを生みだしているのが「自己」とされるなら、自己はいくらでも存在しうる。ひとつの自己が複数の実体に分かれることも、ひとつの実体が複数の自己を持つこともありうる。こうした「自己」と、生物学的に定義される「自己」とは、一見正反対でありながら、じつはある共通点がある。前者は「意味」が多すぎるために、そして後者は逆に「意味」が少なすぎるために、「自己」の概念が失われてしまうのだ。いかなる概念についても、その外延と内包（その概念に共通する性質）の間に境界線が引けなければ正しく定義はできない。

植物を動物や人間と同じように扱うべきだろうか？　だが植物に高い敬意を抱いている生物学者たちにも、植物が「自己」を持っているという考えかたに賛同しない者がいる。そのうちのひとり、シルヴィー・プトーはこう述べている。

「世界中の生物は本質的に二つに区別できる。動物の生命と植物の生命は存在論上ではまったく別の存在だ。なぜなら、植物の器官はつねに外向きに開いており、真の〈内面〉を持っていない。

（中略）たとえばわたしたちは、〈植物が栄養を補給する〉という言いかたは決してしない[8]」

これと正反対にあるのが、自己に関心を抱き、自己と間接的な関係性を築く「自己同一性」だ。その有無を明らかにするのに「意識」について考慮する必要はない。「自己同一性」とは、変化していく時間、空間、状況においてさまざまな経験をするなかで、絶えず「自己」であるという「感情」を抱きつづけることだ。したがって、「植物が栄養を補給する」と言うのはことばの濫用である。自らが根を下ろした環境が与えてくれる栄養を、直接的に、無抵抗に、いかなる志向性を示す動きも伴わずに吸収することは、自らにとっての財産ともいえる「自己」に関心を抱いているとは言えない。つまり植物は、ストア派哲学で言うところのオイケイオーシス（親和性――自己に親近感を抱き、自己保存への衝動を持つこと[9]）を持ってはいないのだ[10]。

前述したように、プレスナーは、植物と動物の本質は外見上の違いではわからないと述べている。進化の歴史においては「中間的なもの」が生じることがある。たとえば、「中心」がない動物や、無機質を消化吸収する機能がない植物が、実に「特徴的な姿形」、つまり外見上はいかにも動物らしかったり植物らしかったりすることがある[11]。だからこそ、「個体性」について判断する場合も、外見の観察のみに頼るのは避けるのが望ましいのだ。一方、中枢神経系があるのは「自己」があることの「手がかり」になり[12]、環境を自由に動きまわれるのは「手がかり」どころではなく「識別記号」になりうる。なぜなら、自発的に動いたり、外の世界に出たりするのは、アンリ・ベルクソンによると[13]、脳があること以上に「意識」を生むことに貢献するからだ。

哲学者のレイモン・リュイエは、「個体性」に関する研究論文の冒頭で、個体性がレベル分けされるなら、「ある程度は個体性がある」存在もありうるのではないか、と自問している。[14] 一九三〇年代終わり頃、物理学、生物学、心理学の研究データを分析した結果、「明確には個体性を付与できないあいまいな存在」があるのではないかと考えられるようになった。さまざまな多細胞生物には「あらゆるレベルの個体性」があるとされ、生物学的に「個体性は変動的な特徴である」とみなされたのだ。[15] じつはその原因は、物理学、生物学、心理学によって「個体性」の解釈がそれぞれ異なることにある。だが、生物学が物理化学的なアプローチで「個体性」の分析をすれば、その定義は物理学と似かよったものになるだろう。しかし、「個体性」を作りだしているものについて知るには、むしろ心理学的に考察すべきだ。なぜなら、リュイエによると個体性は「もともとは心理学的な直観」であり、物理学や生物学においてこれに言及するのは「やや不自然」でさえあるからだ。[16] 個体性は、それに対応する「主観的な個体性」[17] がなくては存在できない。リュイエはこれに関して、「奇妙で信じがたい事実だが」として、「極小の動物」から「哲学者」に至るすべての「自己」は二つの異なる個体によって誕生することを思いだしてほしい、と述べている。[18] 「自己」が二つの個体性から生まれるという事実は、心理学的な「個体性」の本質を理解するのに役に立つ。個体性は「集められて作られたものではなく（中略）自ら集めて作るもの」なのだ。[19] 化学伝達物質の働き、神経系の双方向的活動、物理的な連結などは、いずれも個体性の形成にとって「補助的な手段」にすぎない。それらが作用するには、その頂点にすでに「個体性」が存在しているはずだ。[20] さらに、分泌ホルモン、信号、匂いといったあらゆる起動装置は「オーケストラの指揮者の指揮棒」のようなものだという。「作用をスムーズに促すことはできるが、交響曲は作れない。つまり、自らの根本的な個体性を作ることはできない」[21]からだ。植物は、分割が可能で、生物学と化学に頼らないと特徴を明らかにできない、どこにあるかわからない「自己」しか持っていない。そういう植物が、自らの「個体性」を作りだせる唯一のもの、「主観的な個体性」を持ちうるのだろうか？ 答えはノーだ。

この問題について、ハンス・ヨナスによる「個体性の生物学的原則」に関する論文[22]をベースにもう少し考えてみたい。この論文には植物の生命の特徴がわかりやすく書かれている。哲学者のルノー・バルバラスによると、「物質代謝という概念を構築するときの手本とされたのは、（中略）植物であることはほぼ間違いない」[23]という。さらにバルバラスはこう続けている。

「ヨナスにとって、植物は生物の手本であり（中略）、動物は、植物に運動機能、知覚機能、感情をつけ加えたものにすぎない」[24]

ヨナスによると、運動、知覚、感情は、植物のように無機栄養吸収と光合成ができない動物に対して、「不足するもの」を補うためにつけ加えられたのだという。マックス・シェーラーもこう述べている。

「植物はすべての生物のうちでもっとも偉大な化学者だ。（中略）自分だけの力で、無機物だけを使って、有機体としての自らを成長させる要素を作りだしているのだから」[25]

ヨナスが著書『生命の哲学』[26]に書いているように、植物は物質代謝をせずには生存できない。物質代謝は、動物や人間と同様に、植物にとっても生命維持の基本的な手段だ。さらにヨナスは『生命の哲学』の二年後に発表された「個体性の生物学的原則」に関する論文で、動物と人間の物質代謝の類似性について述べつつ、『生命の哲学』での考察をもとに、植物の物質代謝の特殊性を明らかにしている。

ヨナスは「生命の現象」(『生命の哲学』の原題)のすべてを物質代謝によって理解している。単純な構造の有機体と環境との間の「物質交代」(物質代謝)と、人間の経験における「大いなる矛盾」(自由と必要性、自己と外の世界、関係性と孤立など)との間には連続性があるという[27]。「自由」は、物質代謝が行なわれたからこそ生まれたのだ。自由も「生命の現象」にほかならない。「自由」のこうした意味合いは、この概念が心理学や倫理学に組みこまれたときには消えてしまう。ショーペンハウアーが、自然のなかの活動における「意志」には「主観性」がないと述べたように、ヨナスは、物質代謝によって生まれた「自由」は「存在論上の記述的概念」として理解されるべきだと主張している[28]。この場合の「自由」とは、有機体に固有の存在のしかたを示すためのことばだ。かつて、単純な構造の有機体が壊滅の危機に次々と襲われ、その脅威から自らの生命を守ろうとした。生物による環境との物質交代は、こうした「自己に対する不安」の表れとして生まれたのだ。「生命は、特殊で、矛盾しており、変化しやすく、不安定で、危険にさらされ、限界があって、深いところで死とつながっている無謀な存在を、自らの実体のなかで動かしている[29]」

だが、こうした自己に対する不安、生と死との深いつながりは、植物の生命においてはどこかへ消えてしまう。

ヨナスによると、有機体は、環境と物質交代をする「必要性」を見いだしたからこそ、自分ではないものとの関係性を築いた。このとき初めて、生命に「志向性」が生まれたと言えるだろう。[30]この場合の「必要性」は「超越性」の初期の形であると考えられる。

「生命は超越性によって、自己の境界線の外側にある領域を維持している」[31]

こうして「自己超越性」が生まれ、そこに内面性や主観性が初めて形づくられた。物質代謝によって、「自分自身に中心を置く個体性、外側の世界に対する〈対自的〉な存在、そして外側と内側を区別する境界線[32]」が生まれたのだ。「自らに不安を抱く個体」としての「自己」（または自己同一性）という概念は、物質代謝を行なう有機体の特徴として適切であると言えるだろう。別の言いかたをすると、こうした有機体の自己同一性とは、交代作用を取り入れた「内面的な自己同一性」なのだ。

ヨナスによると、生命は対立することでしか存在できないので、生物の「自己同一性」は動物が出現する前から形成されていたという。つまり、単純な形だった頃の有機体は無機物に対して、自由に動いたり知覚したりするようになってからの有機体は広い未知の外側の世界に対して、それぞれ対立しながら自己同一性の輪郭が形づくられた。こうした連続性から考えると、単純な構造の生命体（細胞単位の）、植物、動物、人間のいずれにおいても、ある程度複雑で対立している状況下においてのみ、他者の視点から見た存在になれることになる。

その一方で、ヨナスは、内側の視点からみた個体性、つまり「内面的な自己同一性」を獲得するには「特殊な存在」でなくてはならず、植物はそれに該当しないとしている。[33] 次々と訪れる「自分という存在がなくなってしまう可能性」に向き合うようつねに強いられ、それゆえに本質的にはかない存在になったものだけが、他者との違いが自らの存在を決定づけるようになり、時間の経過とともに「内面的な自己同一性」を獲得するというのだ。[34] ヨナスは、実体は自らの本質に対して「自由」な形を示すという考えかたを保持しつつ、それはその実体の物質、形態、結合体のいずれも「内面的な自己同一性」を獲得していない場合に限ると述べている。「個体性」と「生物学」は、「物質代謝」という共通の外延を持っている。ヨナスにとっての「物質代謝」とは「知覚、運動、欲望という機能を得るための土台」[35] なのだ。

だがヨナスがここで言いたいのは、植物はこうした構造とは本質的に異なるということだ。植物は、まるで「生命」ではない別の規格にしたがって生きているかのようだ。自分自身に「中心」を置く細胞は、植物の生命の謎を解読できない。植物は物質代謝の手本のようには成長しない。この点について、少し長くなるがヨナスの文章を引用する。

「奇妙なことに、原生生物ですでに確立されていた個体性は、進化の過程において一時的に消滅する。そしてかなり後になって、しかも動物の進化においてのみ、より高いレベルで個体性は再登場する。(中略) こうして多細胞生物は、原生生物のときに生命の原始的な要素のなかにすでに完成させていた古い個体性を捨て、より高度な個体性を作りだすようになった。ところが、これほどまでにさまざまな機能を持ち、世界中に繁殖しているにもかかわらず、植物は個体性を取りかえそうとはしなかった。かつてアメーバが、寄生せずに環境のなかで独立して生息しはじめた〈自由生活性アメーバ〉ときとは異なり、樹木は〈形態上の個体性〉は獲得したにもかかわらず、〈内面的な個体性〉を持つことはなかった[36]」

こうして一時的な消滅や廃棄によって、植物の生命には「何か」が失われてしまった。その「何か」こそが、まさにヨナスが言うところの「生命の現象」である。植物は、わたしたちが理解し経験しているのとはまったく別の生命を生きている。植物の生命は、もろくもはかなくもなければ、不安定でも危険にさらされてもいない。誕生と死によって区切られてもいない。物質的には存在しているように見える個体性は形でしかない。自己に関心を抱く中心がある「内面的な個体性」は持っていない。植物学的に見ると、植物は生命のネットワークを築き、永遠に再生しつづける。植物の生命の特徴には哲学的な意味合いが多く含まれている。「内側の視点から見た個体性＝内面的な自己同一性」について考察することで、物理化学的なアプローチでは決してわからない「存在論的な個体性」、つまりレイモン・リュイエが定義する「集められて作られたものではなく、自ら集めて作るもの」としての個体性を見いだせるのだ。

第４章　空間的な動き——中心性と自由

生物の外見を観察すれば誰もが納得できる適切な区別ができると、ハンス・ヨナスは言う。たとえば、動物は動くが、植物は動かない。この違いには「生物の知覚、中心性、個体性、自由に関する、あらゆる細かい差異」[1]が「象徴」されているという。移動する動物は「中心性」と「個体性」がなくては生きられないが、地面に根を下ろしている植物は「中心性」も「個体性」も必要としない。反直観的に言えば、自らの内部に中心を置くものは不動の存在にはならず、環境に内在する。ジャック・タッサンは、自由に動けないのに拡散できる植物の逆説的な存在の状況について、次のように述べている。

「植物が生存する条件は、文字どおり〈常軌を逸している〉。自らを取りまく空間の広さを知覚できないにもかかわらず、その空間で繁栄しつづけ、その空間を作りあげ、風や鳥の力を借りてその空間に子孫の種をばらまいている。わたしたち人間は自分自身とは分離できない。だが木は、輪郭によって自らを確定されず、したがって個体化されず、さらには他者と混同される[2]」

体を動かし、自由に移動するからこそ、中心性が必要になるのだ。どこへ行って何をしようが、つねに自分自身でありつづけなくてはならないからだ。翼を広げて飛ぼうが、脚を使って跳ねようが、駆けようが、新しい場所にたどり着こうが、その場所にどれだけとどまろうが、つねに「同じ動物」でなくてはならない。

「動物は、運動機能を備えたことで、どこで何をしても変わらない自己同一性を持つようになった[3]」

一方、植物の変化（成長して花が咲いたり芽が出たりすること）は、植物の「存在自体」を変えてしまう[4]。生物がどんなに変化しても自分自身でありつづけられるのは、「個体性」と「自由」があるからなのだ。地面に根を下ろしている植物は、「必要性」に迫られるから動く。つまり、植物は環境によって「動かされる」。だが、動物の自発的な動きでは、個体が体の一部を動かすことでその個体全体が動かされる。

「動物による動きはどんなものでもすべて、（中略）各部位を交互に移動させながら、全運動機能を使って行なわれる。したがって、走っているのは大腿四頭筋ではなく、その筋肉を動かしている動物そのものだ。（中略）同様に、刺激が筋肉を収縮させているのではなく、知覚器官の内部にあるものが移動すべき方向を決めているのだ[5]」

現象学者で神経学者のアーウィン・ストラウスによると、知覚と行動との関係性は、たとえ生理学的な現象を分析してもわからないという。外の世界に対する有機体（動物または人間）の行動を観察することだけが、心と体がどのような関係にあるかを明らかにさせられるのだ。

ヨナスは、ある有機体が「中心化」されているかどうかを、数値、物理学的データ、外部との関係性によってではなく、「内面的な個体性」の有無で判断している。生物の中心化は「進化の歴史において新しい出来事」であり、互いに深く関わりあう「知覚」と「運動機能」の二つを獲得した動物の生命だけに起きたという[6]。動物の動きの特徴は、単に植物より激しいことにあるのではない。その違いは外見を観察して現象学的に分析すればすぐにわかる。動くスピード、動く範囲、動く頻度（時々か、頻繁か）、動きの種類（バリエーションが多いか、あらかじめ決まっているか）、元の状態に戻れるか否か……。これは決して「程度の差」ではない。動物の動きは「植物のレベルより上位にある、質的に新しいレベル[7]」なのだ。植物は動物のようには生きていない。動物は、植物には無縁だった「緊張[8]」を進化の歴史にもたらし、その「緊張」は動物の環境にゆっくりと、しかし際限なく広がっていった。

動物は、速く動けること、そして自由に開閉や伸縮ができる部位を持つことから、地理的な移動範囲を際限なく広げられる。目の前に広がる空間の持つ意味が、動物の移動の動機になる。植物学者のフランシス・アレは言う。

「動物は、わたしたちの目には自由であるように見える。動物より控えめな植物は、環境に束縛されているように見える。（中略）おそらく植物の〈内在性〉を、動物と人間の〈超越性〉に対比させて考えるべきなのだろう[9]」

個体が自らの意志で空間を切りとる「空間的な動き」は、結果的に「自由な」動きとされるが、これはある意味、その個体が組みこまれている空間で自らを区別させるための行為でもある。個体がとどまっている空間は、それと同時に自らが立ち向かうべき空間でもあり、そうでなければ別の場所を求めて今いる場所を離れることなどできないだろう。空間的な存在は、「この場所」と「あの場所」を区別する「中心」である。動物は「空間的な中心」として、（経験して）内省する自己、プレスナーが言うところの「自己自身」を持っている。その「自己自身」は、体のどこにあるかを特定はできないが、「空間的な存在として、自らを基準としてほかのあらゆる地点がどこにあるかを見極めることができる[10]」。クローズ（閉鎖的）な形態の生物は、「自分自身に向き合っている[11]」から「内省する自己」なのだ。だからこそ、環境との空間的な関係性を維持するために一カ所にとどまったり、経験する時間を感じるために生きつづけたりするだけでは満足できないのである。

第5章　時間を生きる存在と精神的な生命——意識の問題

　空間化されるものは、同時に時間化もされる。つまり、空間的な存在になったものは時間を経験するようになる。時間を経験するのは、有限の存在である個体の「意識」だ。では、時間によって存在を限定されはしないが、時間によって外見が変化する植物は、はたして「時間を生きる存在」と言えるのだろうか？

　時間を生きるとは、単に時間（地質学的、生物学的な意味での）のなかに生きることではなく、主体が未来の「今ここにいる」状態をあらかじめ見越しながら、自己にとって決して偶然ではない現在にいることだ。[1] 動物（または人間）は、死すべき運命にあり、後戻りできない老化プロセスが必然的に組みこまれているがゆえに、「すべての生物に内在する予測機能[2]」とは別の「未来との関係性」を持っている。未来との関係性を築くのはその「内在する予測機能」ではなく、死すべき運命にあり、死から見た視点でさまざまな年齢を生きながらもつねに自分自身でありつづける個体自身である。ヘルムート・プレスナーは、「位置性に距離がある中心」は「空間的・時間的な本質」を持っているとした。この「中心」は、生きるために必要な関係性を築き、構造を作るための「主観性」を持っている[3]。では「主観性」とは何か？　それは「時間を経験する自らの体によって外の世界の物ごとに対して内面的な方法で向き合う、対自的な存在[4]」である。空間化と時間化は結びついている。哲学者のヘーゲルは、自然哲学について書いた著書でこう述べている。

「動物は偶発的に動く自動装置である。動物の主観性は、（中略）時間にしばられておらず、現実の外の世界から解放されており、自らの気まぐれで、自らの意志によって向かうべき場所を決定する[5]」

時間を生きる存在は、時間が経過するのを感じている。そうした存在が時間と混ざりあうことはない。なぜなら時間は、単に自らが成長する生物学的時間ではなく、これまで生きてきた経験であり、過去の経験の色合いを帯びながら続いていくからだ。時間は「自分の時間」である。喜びの時間と期待の時間は異なり、恐れの時間とくつろぎの時間も異なる。時間を生きる存在は、生きている間にどのような経験をしようと、つねに自分自身でありつづけ、自己同一性を維持している。時間に見放されはせず、時間が経っても他者になったり、複数の個体に分割されたりはしない。一方、潜在的に不死であり、何度も再生する存在は、時間の経過を感じない。さまざまな経験をしても自らを同一と認められる個体を持たない（そして、そのためのいかなる概念も必要としない）からだ。エトムント・フッサールは、意識がある主体には確信があると述べる。「生きるとは、世界を確信しながら生きつづけることである[6]」

そういう意味で、動物は「生きている」と言えるだろう。動物は、世界の存在を内省せずに「確信」しながら生きている。「内省しない確信」とは、「思考する自己」を伴わない、「表明」されない確信のことである。

それでは、はたして植物は「時間を生きている」のだろうか？　はじめに断っておくが、生物が生まれつき備えている「体内時計」と「経験する時間」を混同すべきではない。自然界の事物や天体が発する物理的な情報の照応は、有機体の「経験する時間」に影響を及ぼす。有機体のひとつである人間もこの情報ネットワークに組みこまれ、自然界の物理・電子・化学的な要素から情報を受けとっている。だが前述したように、植物は本当の意味では死なない。土の上に落ちた種子、土のなかに残された根の切れ端さえあれば、十分に再生できる。分割されても、死ぬどころか増殖さえできる。わたしたちは植物を「死んでしまった」と言うことがあるが、実際は暗い土のなかで生きつづけ、陽の当たるところに出るのを待っているだけだ。植物の時間には始まりも終わりもない。植物は、何もないゼロの状態から出産という行為によって生まれるわけでも、やがて衰退して死んでいく運命を背負って生きているわけでもない。生物学者のハンス・ドリーシュによると、ほとんどどの植物には、動物と違って「完成形はない」[7]。動物の生命が生きる時間は短く、あらかじめ「決定され、限定され、閉ざされている」。その逆に、植物学者のフランシス・アレによると、植物の生命の生きる時間は「不確定で、無限で、開かれている」[8]。生きている間じゅうずっと、植物は休まず成長しつづける。つまり、時間を経験しない点でも、時間に限定されていない点でも、植物は「時間を超越した存在」なのだ。

結局のところ、動物と植物の存在論上の違いは、ヨナスが「物質代謝」（環境との物質交代）に見いだした「距離という現象」（有機体が自己を環境から区別すること）にあると言えるだろう。植物も動物も生命維持のために物質代謝を行なっているが、植物にはこの「距離」が生じない[9]。植物の場合、「個体」ではなく「部位」が「直接的な」物質代謝を行なっているからだ。そしてこの根本的な違いこそが、動物と植物の間にさまざまな違いをもたらしている。

ヤーコプ・フォン・ユクスキュルがマダニの研究を通して、主観性を「知覚し、行動する性質」と定義したことにかんがみると、自由な動き、自発的な行動、個体性、自己、外の世界、空間性、時間の経験といったそれぞれの特徴の定義、関係性、複雑さについて述べるには、「意識」についても考察する必要があるだろう。

確かに、「意識とは何か」という大きな問題が残っており、その概念をあいまいにしようとする傾向も根強いが、それでもさまざまな理由から「植物は意識を持たない」とするのが妥当だと思われる。個体性がなく、その基礎となる中心性もなく（したがって精神的な活動もできず）、感覚や知覚器官もなく、自由に動いたり自発的に行動したりできない植物が、いったいどうしたら「意識がある生命」だと言えるだろう？　どうしたら「主体によって経験される生命」だと考えられるだろう？　「生命力の高さを表明するあの姿を見れば、植物に意識があるのは明らかだ」と主張する者もいるが、それは「意味」がなおざりにされているからだ。たとえば、すべての「動き」が意識的に行なわれているわけではない。その点について、哲学者のイヴ・ボナルデルは、意識がないことと生存していることは決して相入れないわけではなく、それはまさに「植物状態」と呼ばれると指摘している。たとえ昏睡状態であっても「折れた骨は接合し、傷口は癒着し、血液は凝固する」[10]のだ。生命のメカニズムは個体の生存に関わるもので、そこに意識は関与していない。したがって、植物において「連鎖反応」を引き起こす「情報交換」が行なわれているとしても、だからといって「意識がそれらの情報を集めて反応を起こさせているわけではなく、ましてやそれらの情報に何らかの〈感情を抱いて〉いるわけでもない」[11]のである。

では、どのようにして「意識」を「肯定的に」定義できるだろう？　もし「意識」が「自らの世界独自の手本を使うことで、自分自身に気づき、自分自身を手に入れた精神的な存在の動き」[12]であるとしたら、これをひとつの実体として表すことはできないのではないか？　神経学者のアンリ・エーはフロイトを回想する文章で、意識について「状態でも、機能でも、決定機関でもない」と述べ、実体論的な定義を示すのを避けている。無意識がないところに意識はなく、複雑な「心理装置」がないところに意識はなく、破壊される可能性がなければ精神的な生命はない。確かに「心理装置」ということばは、絶えず動いている「生命」に使うには硬直したイメージで、フロイトが構築した概念としてはあまり重要ではないのは確かだ。だが、この「心理装置」についてメルロ゠ポンティはこう述べている。

「生物の行動を分析すると、ひとつの行動には複数の意味が層になっているとわかる。そのいずれもが真実であるため、その行動はさまざまに解釈されうるが、これは生命が複雑な混合物であって、ひとつの選択には複数の意味があり、どれかひとつの意味だけが正しいとは言えないことを表している[13]」

フロイトは、「これはほとんど知られていない事実であるが」と前置きしたうえで、人間が持つ「心理装置（エス、自我、超自我）」は、「精神的に人間とよく似ている高等動物にも備わっている[14]」と述べている。おそらく飼い犬を観察することでこの説を導きだしたのだろう。

「人間のように、幼少時の長い期間を他者に依存せざるをえなかった者には〈超自我〉の存在が認められる。これは、〈自我〉や〈エス（無意識の欲動）〉とは明らかに区別されるべきものである[15]」

フロイトは、こうして「動物心理学」の土台を構築した。アンリ・エーは、その意向を全面的に受け継いだとは言わないまでも、この分野において先駆的であり代表的でもある著作『動物精神医学』を一九六四年に発表することで、フロイトの主張の重要性を訴えている。エーは著書の序文に、自らの主張における最重要ポイントのひとつとして「動物精神医学は、動物の精神が破壊される可能性にもとづいた医学である[16]」と述べている。「精神的な生命」は一枚岩ではなく、その本質的な特徴は壊れやすさにある。行動の自由は、精神のバランスの崩れやすさとセットになっており、そのことは「精神的な生命」を持つ存在がどれほど「自然」から遠いところにあるかを示している。

「動物は自然の存在ではない」

これは、現象学者として初めて、ヘーゲルが自然哲学において示した主張である。動物が異常行動を取ることがあるのは、フロイトが言う「心理装置」……つまり「意識」を持っている証拠である。異常行動を取るかどうかは、動物と植物の違いを浮き彫りにする。この意味においては、植物と植物、植物と菌類、植物と自然界の要素、植物と昆虫との間の情報交換は、いずれも「意識」によるものではない。もし「意識」を「心理装置」と定義しなければ、すべてを「意識」によるとすることはできるだろう。だが「意識」が拡大解釈されるほど、その意味は理解不能になっていく。

それでは、「意識がある存在」とはどのようなものか？　アンリ・エーは、自ら「生物的意識」と命名したものについて研究を行なっている。

「どのような場合であっても、意識に形態やレベルが付与されるには、まずはその意識が性質や機能を持つことが必要とされる[17]」

「意識と生命は共通の外延を持つ」というベルクソンの説にしたがうなら、生命のない無生物には意識がない。そして、アンリ・エーにしたがって植物に「関係性を持つ生命」がないとすれば、それは植物に意識がないと考える動機になりうる。

実際、「精神的な生命」を支えているのは「関係性を持つ生命」なのだ。「関係性を持つ生命」においては、さまざまな「意味」が層になっており、見えなくなったり消滅したり、再び現れたり最前面まで出てきたりする。「精神的な生命」は「感情的な生命」でもあり、思いだしたり忘れたり、複数の意味を入れ子構造に重ね合わせたりする。アンリ・エーはこう述べている。
「感覚、記憶、そして、確定できないあいまいな何か、自らの存在のなかに生じる非存在的な何かが、動物の意識には備わっている[18]」
アンリ・エーはフロイトにならって、中枢神経系を持っていて「わたしたち人間と同じように組織されている[19]」高等動物をベースに「関係性を持つ生命」について考察している。実際、人間は高等動物と「関係性を築いている」ことから、彼らにも「意識」があるとふつうに考えている。人間は「動物とコミュニケーションを取る際、相手が自分に似ていると感じたとき、相手を共通の意識を持つ存在とみなそうとする」。そして動物のほうも、自分と人間との類似点を見つけようとする。[20]
こうした「同一視[21]」は「意識がある存在」同士、つまり、意識しているのは感覚であると考えると、「感覚を持つ存在」同士でしか成り立たない。そして、表面的な意味と実際の意味を区別するために正確を期すると、「実際に生きてきた経験は、意識の〈状態〉にではなく、意識の〈構造〉に表れる[22]」のだ。そう、あくまで「構造」であって「状態」ではない。もし、意識が単なる「状態」(たとえば、物理化学的な情報を受容している状態など）にすぎないなら、あらゆる生命が該当し、その生命が「心理装置」を備えているかどうかの区別はつかなくなってしまう。心理装置としての意識が備わっているからこそ、生命はそれぞれ特別な存在だと思えるようになるのだ。植物の「意識」は、大きくて外から透けて見える「コギト（自己意識）」にはほど遠く、物理化学的な情報を交換しているだけだが、それによって自然界を活気づけてもいる。はたして植物に「精神的な生命」があると証明するのは可能なのだろうか？ このことは、フロイトによって命名され、晩年までそう呼ばれてきたように「本当の謎[23]」である。

第6章　植物の美しさ——目的のない外見

本書の第1部でわたしたちは、どうしたら植物について知ることができるか、という認識論上の問題を考察してきた。植物の生命をどう定義すべきか（感覚や知覚はあるのか）、どのように論じるべきか（隠喩、類推、対比することは可能か）、外見だけで植物かどうかを判断できるか、を考えてきた。さらにわたしたちは、限界がなく、無関心で、自らに不安を感じていない植物と、個体性を持ち、精神性があり、自由に自発的に動き、誕生と死に区切られた限りある時間に生き、自らに不安を感じている動物とを比較してきた。こうして、「意識がある主体」であるわたしたち人間に対して、植物が「本質的な他者性」を持つ生物であると明らかにされた。

植物と動物の間に共通点はまったくない。「生きる」という事実についても、植物と動物ではそのことばの意味が別のものになる。生きるのが単なる「衝動」であり、「生命」が「生存」には決してならず、限界のない生命を持つ植物は、たとえ地球上からすべての動物（人間も含む）の命が消えてもきっと生き延びるだろう。わたしたちにとっての植物は、どこにでもあるもっとも身近な存在であると同時に、もっともかけ離れた存在でもある。「関係性を持つ生命」ではない植物と、わたしたちは関係性を築けない。確かに、わたしたちは植物に話しかけることはできる。だがそれは、わたしたちの声という物理的な振動が、植物の環境に刺激を与えているだけだ。もしこうした情報交換が植物にとって有益であるとしたら、それは話しかける人間がその植物の世話をしているからにすぎない。だが植物は、話しかけている人間の意図、ましてやその話の内容などは何ひとつ知覚していない。

さらにわたしたちは、植物を動物に対比させることの是非について考察しながら、植物の擬動物化（そして擬人化）がどうして間違っているかを明らかにしてきた。そしてその考察の過程で、動物と比べて植物に何が不足しているかを見いだし、植物を「欠如しているもの」によって定義することでその理解を深めてきた。だがこうした「欠如的な定義」を可能にしたのは、植物に対して不当に付与されたイメージを取り除こうとする意志ではなく、皮肉にもまさに植物の擬動物化にほかならない。こうして植物についての概要が明らかにされたのち、植物の特徴についての考察も行ない、さまざまな分析によってその大枠が判明した。生物は、睡眠と覚醒のように完全に二分されているわけでも、植物を最下層としてレベル分けされているわけでもない。しかしだからといって、すべての生物を同等化して、あらゆる特徴をあいまいにし、倫理的な考慮の対象とされるべき存在さえわからなくしてしまうのも間違っている。繰り返しになるが、わたしたちと植物には何ひとつとして共通点がないのだ。

だが、人間と植物のこうした存在論上の断絶は、植物の美しさをわたしたちが「経験」することで乗り越えられる。植物を愛でるための絵画、詩歌、文学作品がその好例と言えるが、これはわたしたち誰もが日常的に行なっていることでもある。もし植物がなければ、この世界から美しいものの大半は消えてなくなってしまうだろう。植物の生命もまた「震えている生命」なのだ。植物は多くの動物たちを守っている。わたしたちは、つねに超然としているその生命に触れると、心が落ち着いたり、やさしい気持ちになれたりする。その点で、動物に比べると植物ははるかに優れた存在だ。植物はわずかなものしか必要としない。無機栄養さえあれば十分だ。それこそが植物の尊さである。

では、植物の美しさは誰のためなのか? スイスの生物学者のアドルフ・ポルトマンも、生命体の「無用の美しさ」の謎について考察している。その美しさの機能的な有用性をあらゆる角度から探るために、「動物はなぜ美しいのか? どうしてただ見られるためだけに、あれほど美しい色や模様がついているのか?」と自問している。いや、「見られるためだけに」どころではない。知覚器官を持たない動物が、同じように知覚器官を持たない動物たちだけに囲まれて生息しているケースもある。ポルトマンはこの考察を通じて、生物学では前代未聞と言える二つの概念、「表現の価値」と「自己表現」を構築した。これらの概念によると、自分の姿を見ることができない動物の場合、その美しさは「受け手がいない外見」または「目的なき外見[1]」とされる。「海綿動物には、黄色、オレンジ色、紫色のものなどがあるが、これは見られるための外見ではない。岩にはめこまれている繊細な色や模様の貝、複雑な色合いをしたサンゴ、華やかなイソギンチャクなども同様である。大小さまざまな貝を彩る絵柄も〈見る者がいない美しさ〉のひとつである[2]」

当然のことながら、植物に対しても同じ疑問を抱かざるをえない。知覚器官がない植物たちは、互いの姿を見ることができないにもかかわらず、どうしてあれほどまでに美しい外見をしているのだろう？「虫たちを誘惑するため」「受粉を促進するため」という答えでは、あれほどさまざまな形、色合い、香りを持っている説明にはならない。送粉者たちを惹きつけるための機能と考えるには、色と香りのバリエーションがあまりにも多すぎる。レイモン・リュイエは「表現性」という概念を構築しているが、それはもともと植物と花が「何か言いたげなようすをしている[3]」から生まれたことばだという。

「花の表現性は花そのものであり、ほかの存在との関係性は関与していない[4]」

つまり、「バラやカバノキなどの特別な美しさ[5]」は「表現性」という、「意味」とは異なる客観性を持っているのだ。たとえば、わたしたちは芸術作品に対して「意味」を付与したがるが、本来はそんなものは必要ではない。

「表現するものが向かう先は表現以外にない。この連鎖の輪において、人間の感情など鎖の小さな環のひとつにすぎず、鎖をつなぎとめる留め具にはなりえない」[6]

「表現性」は「目的なき外見」なのだ。リュイエによると、「表現性」を「意味」と区別させた途端、「意味」より本質的になり、「現実の世界において〈表現性〉の目的は〈意味〉の目的を凌駕する」[7]ようになるという。

リュイエによると、生物においては表現性こそが最優先されているのだ。ポルトマンは、風に飛び散った鳥の羽を拾ったときに、その色彩の微妙さに驚いたという。カラスの黒い羽には、よく見ると玉虫色の青っぽい光沢がある。その美しさは、ただひたすらその美しさのためだけにある。チョウの二枚の翅(はね)は、体の別の部分から生えているが、「まったく同じ絵柄が二枚それぞれに描かれており、(中略)開いたときに前翅と後翅の絵柄がつながるようになっている」[8]。これらは動物の「意味のない美しさ」の好例であるが、植物の場合もまったく同じだ。この事実は、わたしたちにとって「大きな謎」[9]である。反ダーウィン主義者であるポルトマンは、「花はそのほうが有益だからあのような姿形になった」という考えかたは、種の保存や一部の進化についてはそうかもしれないが、「花の構造が最初に出現した理由はそうではなかった」と主張し、「花がどうしてあのような美しい姿形になったのか、動物と同様に大きな謎である」[10]としている。

「目的なき外見」の世界は壮大で、一旦その世界に足を踏み入れると、そこに哲学的な深さを感じ、それがいかに重要な事実であるかに気づかされる。無償の美しさを持つ外見に比べると、従来の「機能性」など二の次になってしまう。

「目に見える多くの情報が、受け手がいないところに目的もなく送られている。これは、受け手に対して何の〈意味〉ももたらさない、ただ単にそこに〈表れる〉だけの〈自己表現〉である[11]」

ポルトマンはこれを「謎[12]」と呼んだ。その謎は、「目的がある外見」と「目的なき外見」の二つの相反する現象が共存している不思議さにあるのかもしれない[13]。

第3部　植物の倫理的な価値と法的な権利

「一九六八年の五月革命にはうんざりだ。バリケードを作るために木を切るなんて、じつに許しがたい行為だ（木は生命であり、リスペクトされるべき存在だ）」

クロード・レヴィ＝ストロース『遠近の回想』

「熱帯雨林の伐採場面を何に例えればよいだろう。あれは、じつに不愉快で、見るに耐えない光景だ。いつ見ても〈強姦〉を思い出させる」

フランシス・アレ『真新しい木——樹木に関する三つの新しいアイデア』

第1章　環境破壊の嫌悪感という教訓

わたしたちは、木が伐採される場面を見ると、レヴィ＝ストロースやフランシス・アレが抱いたような嫌悪感、激しい反感やむかつきをおぼえ、思わず目を背けたくなる。木を擬人化したり、木に意識があると思ったりしない人間でも、木の伐採には不快感をおぼえ、「この世界の美しいもの」を守るべきだと主張したり、もっと人間は謙虚になって植物を守る努力をすべきだと訴えたりしたくなる。ところが当の植物は、わたしたちがどう思おうが無関心で、わたしたちの訴えに感謝することもない。植物たちはおそらく誰の手も借りずに、わたしたちより長く生き残る。木の優れた点は、その永続性、限りない生命、力強さ、繁栄力、平静さにあるのだ。

伐採場面を見たときに嫌悪感をおぼえるのは、木がどうこうというより、そのシーンそのもののせいだ。それが隠喩となって別の略奪行為を思いださせる。伐採は虐殺を思い起こさせる。そもそも、フランス語の「伐採（アバタージュ）」という単語は動物の「屠畜（アバタージュ）」にも使われるが、もともとこのことばは木を切り倒す行為を示していた。そしてこの「アバタージュ」が食肉として精肉店に卸すために動物を殺す意味で使われる場合、その「死」からは不吉なイメージが消えてなくなってしまう。「アバタージュ」には、たとえそのシーンがどれほど残酷でも、動物を殺してずたずたに切り裂くときの「形而上学的な憎しみ[1]」を伴わない[2]。殺される動物の断末魔は、同じ状況に陥ったときのわたしたち自身の姿だ。真っ二つにされて倒壊する木の姿にわたしたちが嫌悪感をおぼえても、それは視覚器官を持つ者の死に対する感情とは異なる。時間が経つと、その木は根から再生する。木は「アバタージュ」から立ち直る。確かに、人間が巨大な機械を使って資源採掘や開墾のために森林を壊滅させるスピードは、木々が再生するスピードより早いかもしれない。人間は先史時代からずっと、森林を傷つけ、破壊し、全滅させてきた。哲学者のミシェル・セールはこう述べる。

「聖なる山、神々が微笑む海などの神々しい風景を、いったいどうしたら農薬を大量散布する畑や、おぞましい死体集積所などにしてしまえるのだろう？[3]」

だが、レヴィ＝ストロースとフランシス・アレは、現代のエコロジストや「自然の権利」論者たちと違って、「木は個体としての精神的な生命を備えている」と主張しているわけではない。植物

ない。植物哲学者のカンタン・イエルノーは、近年の顕著な傾向を次のように分析している。（1）昨今の植物を擬人化したがる傾向の背景には、環境破壊への関心の高まりがある。（2）植物にも「知性」や「意識」があるとするのは行きすぎた動物中心主義や人間中心主義の表れだが、これは何の根拠もない主張である。（3）生物が感じる「苦痛」と「苦難」は分けて考えるべきである。三番目の主張は、決して「パトス中心主義（痛感中心主義。痛みを感じるすべての生物に権利が与えられるとする主張）」を否定しているのではなく、動物や人間が感じる肉体的な「痛み」と、生きるうえで「不利益」を被る「苦難」（たとえば生息地の破壊など）は別ものだという意味である。[4]「感覚がある者」の死は、その存在にとっての「実際の経験」が終わってしまうことであり、決して後戻りはできない。フランシス・アレはこう言っている。

「ワイルドアスパラガスをオリーブオイルで食べた後、ピック・サン・ルーの赤ワインと一緒にジャガイモのタルトを食べても、決して植物を殺したことにはならない。これらの植物は、これから先もずっとわたしたちに食料を提供しつづけてくれるだろう。だが、サーロインステーキ、仔牛のレバー、ニシンの切り身を食べれば、確実に牛や魚に死をもたらす[5]」

「実際に経験される時間」や「死の経験」を持っていない植物と、これらを持っている動物（人間も含む）との違いをなおざりにはできない。

フランシス・アレは、「人間中心主義」こそがこの点において大きな弊害をもたらしていると述べる。レヴィ＝ストロースはそれについてこう分析している。

「人間は、まず自分たちとほかのすべての生物との間に〈権利〉の境界線を引き、今度はその境界線を〈人類〉という種の内側に移動させて、本物の人間と認められた一部の者たちとほかの者たちとの間に置き、ほかの者たちに対して非人間に対するのと同じ〈権利のはく奪〉を課している(6)」

レヴィ＝ストロースは、生物学における「人間神秘主義」についても言及している。生物学者たちは「人間がひとりずつ異なる遺伝的特性を持っているのは、人間が倫理的に尊重される権利を持つ証拠である」と考えているという。

「だがこうした権利は、たとえ人間から尊重されていないごくちっぽけな存在であっても、唯一の個体であるすべての生物に認められるべきだ(7)」

レヴィ＝ストロースは、「正しい人間主義は自らを後回しにする(8)」として、「人間中心主義」の論理を逆転させ、まずは人間以外の「すべての生命体」を尊重するよう提言している。それによって、「人類」という種のなかの一部の者たちを尊重しないリスク」を回避できるようになるからだ(9)。また、従来の「人間中心主義」は、自分でも気づかないうちに、自らを破綻させる条件を直接的に生みだしている。「人間中心主義」は、ほかの被造物たちから人間を区別することで、自らの表面をコーティングしている保護膜を剝ぎとっているのだ。保護膜を失って表面がむき出しになった「人間中心主義」は、人類を独占的に保護するどころか、その試み自体を困難にする。たとえば、「尊重」の基準が限定的で、偏っていて、不公平になるせいで、一部の人間がほかの人間より尊重されなくなる。あるいは、人類の幸せのためという名目で行なわれる行為が、「環境破壊[10]」のような「悲劇的な結果」をもたらしたりする。

「尊重されるに値するのは人間性だけという神話こそが、その人間性を損ない、その損失がさらなる損失を次々ともたらしている」

レヴィ＝ストロースは、歴史上の事実によって証明されているこの主張を、自著のなかで繰り返し行なっている。人類が被った損失の責任が、「自然から人間を切り離した」人間中心主義にあるとしたら、「反人間主義」とはいったい何なのだろうか。

レヴィ＝ストロースは、人間が有する権利の根拠は、社会で獲得した身分や、学問によって磨いた知性ではなく、「動物と人間に共通の特性」にあると考えている。この特性によって、人間が「人間性と動物性を本質的に区別する権利」を与えられることはない。ところが、「呪われた循環[11]」を無理やりこじ開けるとすべてが変わってしまう。つまり、「卑しいもの」というカテゴリーを作り、多少なりとも「動物的」であるとして拒絶すべき者たちをその枠内に次々と入れていくのだ。哲学者のフランソワーズ・アルマンゴー[12]とカトリーヌ・ラレール[13]は、道徳的・政治的な共同体から排除された人間を「動物とみなして」見下す行為は、本物の動物に対する侮辱的な扱いを正当化することを意味する、と述べている。

なぜこのような欠陥があるにもかかわらず、いまだに「人間主義」という概念は存続しているのだろうか？　レヴィ＝ストロースによると、すべての生物の種を人類より優先する「新しい人間主義」が、人類を人類から守るために必要なのだという。こうした考えかたは、古代ローマ時代から続く伝統的な「自然権」のみならず、ヒンドゥー教や仏教の教えをもとにした文明社会、そして民族学者が研究している文字を持たない社会の考えかたにも合致している。[14]

レヴィ＝ストロースは、「自由」という概念の根拠もすべての生物にあると述べる。人間は「生物としての権利」を持っているが、それは「種としての人類だけに認められる」一方で、「ほかの種」の権利によって制限されるという。[15]「ほかの種」とは動物だろうか？　おそらくそうだろう。生きている事実には「権利」、すなわち「自然権」が伴う。人間という種は、「ほかの種」が絶滅の危機に瀕すれば「おのずと」活動が制限される。[16]どんなに否定しようが知らないふりをしようが、人間は「ほかの動物と同じように」ほかの生物を食べながら生きている。[17]だからこそ、レヴィ＝ストロースによると、たったひとつの種であっても決して絶滅させてはならないのだ。個体は自らが属する種に依存している。そう考えると、種に属する個体以上に、種そのもののほうが倫理上は重要視されるべきかもしれない。

「地球上に現存するすべての種がこれからも生きつづけ、自由に発展していくことだけが、永遠に守られるべき権利である。その理由は簡単で、いずれかの種がひとつでも絶滅すればそこに空白ができる。その空白は、創造のシステムにおいてわたしたちのレベルでは決して回復させられないものなのだ」[18]

しかしながら、ジャン＝ジャック・ルソーによると、こうした権利を有する者は「感覚」を持つのが条件であるという。そこに「植物」は含まれない。だからこそレヴィ＝ストロースも、人間の権利の根拠は「動物と人間に共通の特性」にあると述べたのだ。さらに彼が種の絶滅について言及する際に「最後の個体の死」と述べたのも、「動物」を念頭に置いていたことを示している。第一、植物の種の場合は、その生命力の強さを考えると絶滅するかどうかさえ定かではない。さらに植物には「感覚」がないので、たとえ絶滅してもわたしたち人間の心に「慈悲心」を引き起こさない。ここで言う「慈悲心」とは、「生きている生物に対する同一視から生まれる心の機能」[19]である。つまり、植物が絶滅するかどうかを明言できないのは、感覚がある者に対して、感覚がある者にしか「慈悲心」が起きない事実に起因していると考えられる。レヴィ＝ストロースは、「感覚がある生物としての動物と人間の深い相互理解、それによる同一視は、対抗意識に先立って存在している」[20]と、ルソーのことばを借りて明言している。そもそも「すべての生命体」「すべての生物」「人間以外のほかの種」という記述に見られるあいまいさによると、それらのことばは「植物を除くほかの生物」を指しているように思われる。だが、前述したように、森林伐採、自然破壊、環境汚染などは、それらがもたらす結果のために、そしてそれらが見せるシーンのために、「嫌悪感をもよおす行為」として非難される。こうした破壊行為は「人間中心主義」による。自らの利益のためと信じて、自らが見下している対象（自然と動物）を平気で絶滅させ、ところが実際は自らが関心を抱いている唯一の存在（人間）さえも絶滅させようとしている。レヴィ＝ストロースが「生物の権利」においてとくに重視していたのは「感覚」であり、その「権利」とは、古代ローマ時代からの「自然権」、つまり「すべての生物が自分たちの生命を共同で維持するために、自然によって築かれた関係性[21]」である。レヴィ゠ストロースが提言しているのは、各個体が自らにとって必要なものを手に入れるために自然界のバランスを取り戻すことであって、決してすべての生物に倫理的地位を与えることではない。

第2章　環境保護の倫理と法的な考えかた

環境倫理学とは、環境問題を倫理的な観点から考察する学問だ。だが、この学問はいったい何を目指しているのだろう？　木、森林、渓谷、河川、山といった「自然物」を、ほかの要素はいっさい考慮せずに、それ自体のために、それ自体に内在する価値を認めて保護しようとしているのだろうか？　それとも、これらの自然物に存在論的な価値を与えることで、わたしたち人間の自然に対する見方を変え、自然を尊重する姿勢を引き出そうとしているのだろうか？

「自然」には多種多様な生物が暮らしているため、「自然物」という概念の定義はあやふやで不明瞭だ。法律上の「自然物」には水、土、鉱物、植物、動物が含まれるが、もしこれらに同一の「倫理的地位」を与えたら、それぞれの特殊性は消えてしまうだろう。だが、法律専門家のピエール・ブリュネによると、「自然の権利」は「人間の権利」とは異なり「法人格（権利義務を持つ人格）」をもとに構想されるわけではないので、当然のことながら「権利」の性質は変わってくるという。一方、人間の権利は一枚岩ではない点も忘れてはならない。つまり、すべての人間が同じ権利を持つわけではなく、年齢（教育を受ける権利、投票権など）や性別（人工妊娠中絶の権利など）によって変わってくる。しかし、こうして「権利」の性質は相反しているものの、「人間の権利」と「自然の権利」は対抗しあうのではなく、相互に補完しあうことは間違いないだろう[1]。

環境保護に関する問題は、哲学的に見れば「どこに基準を置くか」という問題と言える。自然は異質なものの混合体であるからだ。倫理的観点から見ると、植物を摘みとったり、伐採したり、汚染したりする行為は、感覚がある者（つまり動物）を閉じこめたり、負傷させたり、殺したりする行為と同等とは言えない。いや、ここでは「感覚のある者」ではなく「センティエント（感覚能力の持ち主）」と呼ぶほうがよいのかもしれない。「感覚」というあいまいな定義のことばだと、場合によっては植物にも適用されかねないからだ[2]。植物と「センティエント＝動物」は、同じレベルでは利害が一致しない。したがって、法学者のマリー＝アンジェル・エルミットによる「重油流出による海洋汚染が植物と動物を殺す[3]」という発言は、植物と動物を倫理的に同レベルで扱っている点で適切とは言えないのだ。

では、哲学者が、山や湖や森に「倫理的地位」を与えるとしたらどうするか？　伝統的に主観主義的である哲学者にとって、このような論理の飛躍を行なうのは困難であるように思われる。カトリーヌ・ラレールはこう述べる。

「自然物の〈内在的な〉価値や〈固有の〉価値について語るのは、一見すると自然物がその内側に持っているものの〈客観的な価値〉について考察することのように思われる。ところが（中略）現代的な思想において、自然物の倫理的価値とは〈主観的な価値〉であり（中略）決して自然物そのものの特性の価値ではない[4]」

個体性がなく、主観性も持たない、限りある生命もない自然物に「倫理上の権利」を与えるのは、確かに簡単ではない。では、環境倫理学はどうだろう？　この学問は、何を中心にして考察するかによって大きく二つに分けられる。ひとつは「生命中心主義」で、価値の中心を「生物」に置いて、それぞれの生命体に倫理的価値があるとする考えかただ。もうひとつは「生態系中心主義」で、こちらは生態系そのものに倫理的価値があるとされる。環境倫理学の目的は、立法機関による「自然の権利」に関する法案に論理的基盤を与えることにある。もちろん「倫理」と「権利」は同一ではない。だが一九七〇年代以降の「自然環境保全」や「環境危機」への一刻も早い対応を迫られる状況下で、自然物の法的権利を認めさせるために、英語圏の環境倫理学は哲学とタッグを組んで活動してきた。当時の提言のひとつに、アメリカ人法学者のクリストファー・ストーンによる論文『樹木の当事者適格』がある[5]。カリフォルニア州南部での大型スキー場建設計画に反対し、セコイアスギが優占する渓谷を守るために、渓谷そのものを「権利の主体」とすべきだと主張したのだ。フランスでは一九八〇年代終わりに、哲学者のベルナール・エデルマンと法学者のマリー＝アンジェル・エルミットによる共著『人間、自然、権利』によって初めて自然の権利が擁護され、この思想の土台が築かれた[6]。

「自然物」を保護しようとする欧米圏の哲学者たちは、自然物には「道具的価値」しかないとする考えかたを否定し、「内在的価値」があると証明することで「倫理的地位」を与えようとした。これは、自然……いや、環境学的な用語で言うなら「生態系」を守る手段を構築するために、法のよりどころとなる土台を作る作業である。守るべき対象は自然全体（つまり生態系）だが、そのためにはその健康状態、生命力、繁栄に関与しているそれぞれの自然物（つまり生命体）も守らなくてはならない。たとえば、野生のエーデルワイスの採集禁止措置とは、その種を絶滅させない目的で、ひとつずつの花を傷つけるのを禁じることである。だがこの場合、エーデルワイスに「倫理的価値」を与えているのはその希少性だ。つまり、エーデルワイスがほかのありふれた花より価値が高いとされるのは、その価値が「道具的価値観」にもとづいているからだ。火災で崩落したパリのノートルダム大聖堂の骨組み（奇しくもこの骨組みは「森」と呼ばれる）を再構築するには、樹齢百年以上のカシの木を百本以上伐採する必要があるという。これを「盲目的な森林破壊」と呼ぶのは当たっていないかもしれないが、大聖堂を修復するために木を伐採するのを森林保護運動家たちはどう思うだろうか？　突きつめれば、大聖堂の骨組みを木で作る必要性はどこにあるのだろうか？

海、河川、湿地帯、山、森林などの自然物を「環境破壊」から守らなくてはならないのは、これらがわたしたちの「環境」であるからだ（あまり敬意のない言いかたではあるが）。もしこれらの場所に動物が生息していなかったらどうだろう？　哺乳類、鳥類、昆虫、クモ、魚も何もいない、死んだ場所だったとしたら？　その姿を目で見たり、音を耳で聞いたりする者たちにとって、そのような場所にいったい何が残されているのだろう？　こうした場所の木は、昆虫が樹皮の上を這い、何千という虫たちが住みつき、鳥たちが巣を作ったり羽を休めたりする木とはまるで別ものとは言えないだろうか？　川と山は単なる水と石ではない。それぞれの形や場所に特徴があり、名前があり、文化的な意義がある。その歴史は単に地質学的・地理的なものだけではない。人間は過去に幾度もその川や海を渡り、多くの生物がそこに暮らしてきた。多くの動物や人間がその山に登り、その上空を飛び、その頂上の空気を吸ってきた。これらすべてに美的な内面がある。いつの時代でも、これらは絵に描かれ、文章に書かれてきた。主体は自然のなかに無私無欲の状態で沈みこみ、美的な経験を生きる。[7]　神秘的で、限界がなく、つかみどころのない自然のなかで崇高な体験をする。[8]　こうした感情的な状態をもたらすのは、自然の「道具的価値」ではなく「内在的価値」である。

だからこそわたしたちは、これらすべて、こうして与えられた自然を、自分たちの手による破壊や汚染から守らなくてはならないと感じるのだ。これは、美しい絵画作品を尊重するのとはまるで違う。わたしたちは自然を「鑑賞している」のではなく、そのなかに「沈みこんでいる」のだ。その体験によって、わたしたち人間の存在の境界線は外側へ移動し、拡大される。カトリーヌ・ラレールとラファエル・ラレールによると、自然を尊重するにはただ庭園を散歩するだけで十分なのだという。自然主義的な詭弁など必要としない。なぜなら、必要なのは「推論」ではなく「経験」だからだ。こうして自然の美しさを経験すると、おのずと自然主義的な考察ができるようになり、自然に関する倫理的な基準が生まれる[9]。美的な経験をするのは、自然に対する倫理的な関心を抱くのに重要な役割をはたしているのだ[10]。だが残念なことに、たとえば海を汚染から守ろうとしても、立法機関はわたしたちが漁業を続けられるように漁獲量を維持する法律を作ろうとするだろう。これは完全に人間中心主義的な政策だ。魚を獲りつづける目的で海を保護するこうした行為は、はたして本当に環境倫理的と言えるのだろうか？　法文に書かれている内容を歪めて解釈しているだけではないだろうか？　環境倫理学が危惧しているのは、本当に自分たちにとって十分な魚が手に入るかどうかだけなのだろうか？

「生命中心主義」と「生態系中心主義」はいずれも「自然」に倫理的価値を与えるが、自然は異質なものの混合体なのでその判断基準はあいまいだ（生体分子解析にもとづけばすべて同等とされるだろうが）。生命中心主義の場合、生物の個体数だけ尊重すべき価値の中心が分散されるため、実用化は難しいだろう。この場合に適切な（必要かつ十分な）倫理的基準とされるのは「生命」だが、哺乳類、細菌、植物のいずれも同じ「生命」を持っている。そうなると、さまざまな生物の種における天文学的な数のすべての個体に対し、同等の（あるいはそれぞれの個体相応の）倫理的な配慮をしなくてはならなくなり、それは理論的または実用的に考えて不可能だ。アルベルト・シュヴァイツァーは、「推論」より個人的な「経験」にもとづいて生命倫理を考察してきた哲学者だが[11]、一九二〇年代、フランスを代表する生命中心主義者のひとりとして次のように述べている。

「わたしたちは、生きようとする生命に囲まれた、生きようとする生命である」[12]

だが、生物の倫理と権利、そして「自然環境保全の緊急性」について、当時は今ほど広く考察されてはいなかった。おそらくそのせいで、シュヴァイツァーはすべての生物に同等の権利を与えるべきだと主張はしなかったのだ。結局は、控えめに、そして遠慮がちに、すべての「生きようとする生命」を完全には尊重しなくてもよいと呼びかけている。

じつは、「自然の倫理的価値」を法制化するのに「自然の権利」を認めさせる必要はないのだ。たとえば、法によって木が保護されるのに、わざわざ木そのものに権利を与えたり、人格化したりしなくてもよい。その役割は、適用には「一定の価値基準を満たす必要がある」とされているが、「擬制（みなし規定）」が十分に果たしてくれるはずである。[13]

近年、自然の倫理的価値に関する（哲学、科学、宗教上の）理論の確立、および、法の制定という二つの動きが世界的に活発化するなか、三つの河川の法人格化が行なわれた。それ以前の二〇〇八年には、エクアドルの憲法前文に「わたしたちが従属し、わたしたちに生きる活力を与えてくれるこの自然、パチャママ（母なる大地の神）に祝福を」という文言が加えられ、こちらはそれほど大きな効果をもたらさなかったものの、野心的な試みとして評価されている。そして二〇一七年、ニュージーランド政府はワンガヌイ川を、インド北部のウッタラーカンド州はガンジス川とヤムナ川を、それぞれ「生きている存在」、「法の主体」、「法人格」として認めて法文化した。では、これらの決定はどのように行なわれたのか？　政府や州の立法機関がよりどころにした「倫理的価値」はどこにあるのか？　ピエール・ブリュネによると、[14] 欧米で構築された「生命中心主義」や「生態系中心主義」にそのベースが見いだせるという。一方、マリー＝アンジェル・エルミットによると、現地の土着文化や土着宗教、そしてそこに科学的な考察を加えた「現代版法律上のアニミズム（精霊崇拝）」[15] がこれらの決定を後押ししたという。これらの法文には、法律用語で書かれているせいか、これまで人間の義務や責任のみに頼ってきた過ちに対する絶望感がにじみ出ている。思えば、「環境権（良好な環境を享受する権利）」の確立のために生物多様性保全に関する法的措置を決める時も、これと同様だった。だが、この「絶望感」こそがアニミズム的だ。「自然について知る」だけでは何の解決にもならず、「自然を精霊化する」ほうが高い効果をもたらすと述べているかのようだ。

ところが、カトリーヌ・ラレールとラファエル・ラレールは、「当然のことながら、単にそうであると決定するだけで、その存在が変化したり、外見が変わったりはしない」と言う。[16] だからこそわたしたちは、植物を擬人化したり、自然物を精霊化したりすることに疑問を感じるのではないか？　社会を動かすのにそれが本当に最良の方法なのだろうか？　立法機関を説得するのにそれが本当に最善の方法なのだろうか？　二十世紀初頭に活躍した法学者のルネ・ドゥモーグはこう述べている。

「法の主体の価値は、その主体を法人格化して保護するのが社会に生きる人間にとってどのくらいの利益をもたらすかに左右される[17]」

さらにドゥモーグは、それが人間にとって「利益になるのなら[18]」、死者やまだ生まれていない次世代の者たちも法の主体にしてはどうか、と問いかけつつ、「わたしたちはこうして法の主体の境界線をどんどん外側へ広げていくだろう」と、つけ加えている。ドゥモーグによると、「正確な境界線」を引くのは、わたしたちの脳の構造には向いているが、「この複雑な世界」の構造にはあまり適していないという[19]。技術的には、法によってできないことは何もないとされる。「法人格化」、「法の主体」、「権利の中心」といった概念は、法的手段における技術的な「道具」だ。たとえば歴史的建造物を法人格化する場合も、これらの「道具」が「権利の土台[20]」とされる。このとき、ドゥモーグが植物について言及しなかったのは、時代背景を考えれば当然だろう。当時はまだ、生物の権利を獲得する動きにおいて植物は考慮されていなかったからだ。

ここで言いたいのは、たとえ現代の欧米文化がある存在の価値を認めていないとしても、その存在のアウラ（威光）を守るために、実体そのものに権利を与える必要はないということだ。だからこそ、文化はひとつの「構造」であるのに、欧米の思想から遠くかけ離れた文化における一要素だけを欧米の思想に取り入れるやりかたは、非常に奇妙に思われるのだ。確かに、文化は外から何も受け入れない凝り固まったものではなく、異なる文化と交流し、互いの差異を確認したり、相手の文化の要素を取り入れたりしながら成長していく。だがふつう、それには数千年という長い時間がかかる。ある文化から一要素だけを抜きだして別の文化へ意図的に移すなど、誰にもできないはずなのだ。ところが驚くべきことに、「自然の法人格化」に関しては、受け入れる側の準備が整っていないにもかかわらず、ある文化の要素が別の文化へやや不自然な形で移されるケースが見受けられる。とりわけ、フランス人の文筆家に、「地球」ではなく「ガイア」や「パチャママ」と表記する者が増えたことは注目に値する。植物についてはすでに複数の者たちが「人格」として扱うようになっている。前述したマシュー・ホールの『人間のような植物——哲学する植物』でも植物は「自立した主体」とされ、「植物の個性」[21]という新しい概念も作られた。ホールの主張によると、「動物中心主義」は倫理的に考慮されるべき対象範囲から「植物を除外するための戦略的手段」なのだそうだ[22]。わたしたちが消費主義の悪と戦うために欧米に同化していない文化圏の概念やイメージを取り入れようとするのは、そうした概念の影響下であれば、わたしたち自身は今のまま変わらずに済むからである。

第3章　生命中心主義の盲目さと罪深さ

　自然物に法的権利を与えることはできるだろうか？　その場合、何を基準にして権利を認めるべきか？　「感覚」を持つ自然物にのみ権利を与えるという考えかたは、パトス中心主義（痛感中心主義）と同様に「排外主義的」とみなされるのだろうか？　倫理学者のケネス・グッドパスターによると、自然物に法的権利を付与する基準としては、カント主義的な「理性」や、功利主義的な「感覚」（この場合は喜びや苦しみを感じること）より、むしろ「生命」がふさわしいという。「生物の倫理的基準として考慮されるのが望ましいもの、それは〈生命〉だ」[1]

　だが前述したように、そうなるとさまざまな生物種の無数の個体すべてを倫理的に考慮しなければばならなくなり、これを哲学的に実践するのは難しい。

また、「生命全般」に同一の倫理的価値を与える一見寛大にも思えるやりかたは、「個体性と感覚を備え、限りある命を持ち、自己に対する不安を感じ、血液が流れる肉体を持ち、目でものを見ることができる生命体」に特別な権利を与えるという考えかたと対立する。「生命全般」、あるいは「生態系」という不明瞭な集合体に倫理的価値が与えられると、個体性や感覚を備えた生命体に与えられるはずの特別な価値は消えてしまうのだ。だからといって「パトス中心主義」（痛みを感じる能力を持つ者に特別で強力な権利が与えられる）、「生命中心主義」（すべての生命体が倫理的価値を持つ）、「生態系中心主義」（種と生態系が倫理的価値を持つ）のそれぞれの「倫理」を、すべての対象に厳密に適用させる馬鹿ばかしさについては今さら言うまでもないだろう。[2] 哲学者のジャン＝イヴ・ゴフィは、生態学者のアルド・レオポルドによる『土地倫理』を引用しながら次のように述べている。

「アルド・レオポルドの『土地倫理』によると、〈大地、河川、植物、動物、あるいはこれらすべてを合わせた地球〉は、すべて同等の倫理的価値を持つという。[3] これを論理的に考えると、奴隷、女性、マイノリティに対して平等の権利を求める解放運動と同じ原則を、地面や河川や植物にも当てはめる必要があるということだ。もしこの『土地倫理』の主張が空疎でないのを証明したいなら、この原則は具現化されなくてはならない」

だが、すべてに同等の倫理的価値を与えるなど本当に実現可能なのだろうか？　ゴフィはさらにこう述べる。

「〈大地、河川、植物に自由と平等を！〉というスローガンがいったいどのように実現されうるか、想像するのはかなり難しい。動物解放主義者たちは誰もがみな、自らの倫理観を具現化するにはベジタリアンになるのが当然だと思っている。だが、植物や河川を差別から解放すべきだと主張する者たちは、水を飲んだり野菜を食べたりするのをやめられるのだろうか？　少なくとも、アルド・レオポルドにはそれに対する葛藤はなかった。自らハンターであり、ウィスコンシン大学で狩猟鳥獣管理学を教える教授でもあったのだから[4]」

哲学者のトム・リーガンによると、「一本の草、ジャガイモ、ガン細胞」はいずれも生物であるが、わたしたちがこれらを尊重すべきかどうかは「よくわからない[5]」という。このことから言えるのは、少なくとも直観的には、生物であるからといって必ずしも内部にはっきりとした「固有の価値」を持っているとは限らない、つまりわたしたちはすべての生物を同じように尊重する必要はないということだ。したがってわたしたちは、どのような生物を尊重すべきかを決める適切な倫理的基準を見つけなくてはならない。そして、今挙げた例からわかるようにその基準は「生命」ではない。「自分について不安に感じる」ことのない「生命」が、尊重すべき存在であるかどうかはかなり微妙だ。ちなみにこの場合の「自分について不安に感じる」とは、「自分を内省して不安に思う」という意味だ。でないと、植物の自動再生機能も「自分について不安に感じる」表れと取られかねない。あるいは、「植物にはオイケイオーシス（親和性――自己に親近感を抱き、自己保存への衝動を持つこと〉がないので、尊重されるに値しない」と言うこともできるだろう。「感覚がない」生命体、つまり「センティエント（感覚能力の持ち主）ではない」生物（ここでの「センティエントではない」生物とは、植物を含む「精神性がない」生物を指す）における「健康」は、「センティエント」である生物における「充足」とは異なる[6]。

植物も倫理的に尊重されるべきだろうか？　倫理学者のジョエル・ファインバーグによると、法的権利を「利益」（ここでの「利益」とは「自らにとって価値があるもの」という意味）と結びつけて考えることで、植物にも権利を認めるべきだという考えかたを否定できるという。「〈単純なもの〉は、たとえそれが他者にとっては価値があっても、〈自らにとって価値があるもの〉は持っていない。〈単純なもの〉には意欲がなく、希望、欲望、願い、衝動もなく、自発的に動くこともない。隠れた傾向もない[7]」

これは植物にも当てはまるのではないか？　ファインバーグは、一部の植物の採集が禁止されているのは本当にその植物に法的権利があるからだろうか、と自問する。それに対し、「植物は決して〈単純なもの〉ではなく、きちんとした性向を持つ生物だ」、「植物に〈自らにとって価値があるもの〉がないわけではなく、植物にとってもよいものと悪いものの区別くらいある」という反論があるかもしれない。だが、それはこじつけだ。その証拠に、わたしたちはたとえば「一軒家の壁にとってよい外装と悪い外装がある」という言いかたを、無生物に対してさえふつうにしている。ファインバーグはこうも言っている。

「わたしたちが、一部の植物に対して近しい感情を抱いたとする。あまりないケースかもしれないが、たとえそうした植物に対して動物にするように名前をつけて人格化したとしても、（中略）それによって植物に法的権利を与えるべきだとは誰も思わないだろう」[8]

ファインバーグがこの文章を発表したのは一九七四年だった。もしかしたら、今ならこの文章の時制を「過去形」に訂正しなくてはならないかもしれない。フランスで近年発表されたばかりの『樹木の権利宣言』にはこう書かれている。

「樹木は、都会の緑地であろうが田舎の自然木であろうが、誕生してから自然死するまで成長する権利と自由に繁殖する権利を享受しつづけ、生きている間はつねに尊重されなくてはならない。樹木は法の主体とみなされるべきで、それは人間を対象とした規則においても同様である」[9]

だが、もし動物に対してこれと同様の権利要求が行なわれれば、それは「過激主義」と呼ばれるのではないだろうか？

植物にとっての「必要」は、動物や人間にとっての「欲求」（動物と人間の「欲求」も異なるが）とは区別されるべきである。後者は「距離」や「自発的な動き」から生まれる。「自らにとって価値があるもの」という意味での「利益」は「欲求と意志から生まれるもの」であり、それには「信念」が前提とされる。[10]「欲求」において求められるのは「欲求の対象そのもの」であり、その点でわたしたちが植物について（あるいは動物や人間についても）使っている「必要」ということばとは異なる。ファインバーグも、「〈必要〉ということばがあいまいであることはよく知られている」と述べている。[11]すべての生物に見られる物理化学的な反応だけで「利益」を説明することはできないのだ。

「木が日光と水を〈必要〉とするのは、日光と水がないと木は成長したり生き延びたりはできないということだ」

さらに、ファインバーグはこうも言っている。

「木は〈不足する〉という〈経験〉をしない（本書の第2部で述べたように植物は〈経験〉をしない）。したがって、木にとって〈何が必要か〉を考慮するのは、人間にとっていかなる〈義務〉にもならない。（中略）わたしたちがふだんの会話で、木が成長したり、成熟したり、弱ったり、枯れたりする存在とみなしていることも、木に〈利益〉があると思いこむ要因のひとつになっている[12]」

このことを理解するために、たとえば、人間が元気に成長する「利益」を、あたかも人間が植物であるかのように「必要」と表現してみるとよいだろう。それでも言いたいことは正確に伝わるので、この表現は隠喩として「間違っておらず[13]」、人間に対してこの表現を使うのは可能であるとわかる。では逆に、植物にとっての「必要」を、あたかも人間であるかのように「利益」と表現したらどうだろう？　ファインバーグはこう言っている。

「それは、何の根拠もない隠喩を勝手に作り上げることである[14]」

ファインバーグによると、わたしたちが木を保護しようとするのは、木のためではなくわたしたちの次世代の人間のためであるという。木にとっての「利益」などない。人間にとっての「欲求と意志から生まれるもの＝利益」は、木にとっての「生物学的な傾向＝必要」とは異なる。「木は何も欲求せず、確たる目的も持っていないので、満足感、不満、喜び、苦しみを感じもしない。したがって、どういう行為が木にとって残酷と言えるかはよくわからないのだ。こうした倫理上の判断において、木は高等動物とはまったく異なっている[15]」

すべての生物に倫理的価値を与える「寛大な」「生命中心主義」は、基準を見誤っている点で「盲目的」と言えるが、それと同時に「罪深く」もある。詳しくは後述するが、自然保護には、動物に対する最低でも「軽視」、最高だと「軽蔑」がつねに伴う。だが、その逆は真ではない。動物愛護には自然に対する「軽視」や「軽蔑」は伴わない。前述した『人間、自然、権利』の著者二人による動物への配慮のなさは、哲学者のエリザベート・ド・フォントネによる同書のあとがきに垣間見ることができる。

「本書の著者たちは、動物をとことんなおざりにしている。（中略）本書に出てくる四人の法律家たちは、動物を法の主体とは認めず〈物〉、〈動産〉、〈不動産〉として扱っている。その一方で、自然環境保護地区には〈人格〉を与えているのだ[16]」

実際、環境や自然の保護を訴える哲学者や法律家の多く、そして自然環境保護活動家のほとんどは、「個体としての」野生動物にはまるで関心がない。絶滅危惧種に指定されている動物でも、その種さえ存続されれば、それぞれの個体が苦しもうが殺されようが一向に気にかけない。ましてや「野生」ではない動物など彼らにとっては何の価値もない。とりわけ遺伝子学者によって「改良された」種は、ふつうの家畜やペット以下の存在とされる。彼らの動物への関心のなさ、そしてそれに反比例するような植物の美と健康、繁栄に適した環境への関心の大きさを考えると、彼らにとっての「自然のための利益」とは何なのかと問いたくなる。おそらく、外来種ではなく、環境にとって有益で、いかなる悪影響も及ぼさない動物の「種」だけが、彼らにとって保護の対象となりうるのだろう。ラファエル・ラレールもこう言っている。

「自然保護に関する規制、自然保護活動家、環境管理団体のいずれも、動物を動物として、つまり〈感覚があり、複雑な心理を持つ存在〉としてではなく、〈絶滅の恐れがあるか危惧されるかしている種の見本〉としか見ていない。だからこそ、自然保護において動物と植物の権利は区別されていないのだ[17]」

自然公園、自然保護区などの自然環境保全地域では、「環境管理」の一環として一部の動物の駆除が行なわれている。希少種や絶滅危惧種は手厚く保護される一方で、存続に問題がないとされる種はなおざりにされ、不必要とみなされた種は駆除される。法学者のイザベル・アルパンはこう言っている。

「こうして自然環境保全地域では、すべての動物を生存および存続させる意向が示されつつ、実際は生殺与奪の権利が執行されている[18]」

カトリーヌ・ラレールは、「動物と環境の関係は明らかに断絶している」と述べる。「動物の権利」の論理は「個体の権利」の延長線上にある[19]。動物は、個体としての感覚と利益を持ち、自らに固有のものとしてそれを実感できる。このような個体を、どうしたら単なる「自然の一部」や「自然物」と考えられるだろう？　概念上、主観的な生命を持つ個体が自然のなかに取りこまれはしないはずだ。ところが環境倫理学上では、「自然物」には当然のように植物と動物の両方が含まれている。一方、ヘーゲル、そしてフッサールやメルロ＝ポンティによると、動物は「自然物」ではなく「意識がある生命の主体」であり、「存在者」とされる。[20]つまり、動物は存在論上でも倫理上でも、河川、山、植物、菌類とは似ても似つかない存在であるはずなのだ。野生動物は「環境問題」に取りこまれることで、その個体としての主観性がなおざりにされ、個体性が考慮されることなく「管理」される。

これは、単なる動物の法的権利の要求ではなく、感覚と心理を持つ生物の利益が自然のなかに吸収され、崩壊してしまうことへの懸念である。動物の法的権利を要求するのは、個体の権利の論理を拡大させることを意味している。レヴィ＝ストロースはこう述べている。

「人間は、下位の基準によってほかの存在と区別される以前に、それらと同じように喜んだり苦しんだりする存在である」[21]

哲学者のボヤン・マンチェフもこう言及している。

「もし動物に法的権利が認められれば、もはや動物は〈損壊されうる物体〉とみなされなくなる。そうなれば、〈権利〉というものが根本から揺るがされる事態になるだろう。だが、たとえ〈根本から揺るがされる〉としても、質的ではなく量的な変化にとどまるはずだ。なぜなら、これによって人間の権利の原則が揺らぐことは決してないからだ[22]」

第4章　植物中心主義――意識の緑化

環境保護に関する概念について解説する『エコロジー思想辞典』（二〇一五年刊）[1]には、「植物」という項目がない。確かに、環境保護と植物に対する関心は別ものだ。植物に深い関心を抱く哲学者のマイケル・マーダーは、環境保護や植物の擬人化とは正反対の思想と言える「意識の緑化」、つまり「植物中心主義」を推奨している。これによって、「共同体を構成するさまざまな生物界と生物種がそれぞれすべて繁栄できる社会[2]」が作られるという。だが、それが有効とされる範囲や条件、とりわけその具体的な目的についてはよくわかっていない。しかし、目的がないわけではない。たとえば、「人工妊娠中絶における植物中心主義的倫理」によって、「非人格化された」体に宿る生命に関する新しい倫理観（人格がない胎児の生命には倫理的権利がないとみなすもの）が築かれている。[3] これは形而上学における重大な問題だ。マーダーが提案する植物をよりどころにした「脱中心化」は、わたしたちの思考形式に混乱をもたらしかねない。

わたしたちはこれまで「人間」や「動物」などのさまざまな「中心主義」を否定しつづけてきた。はたしてこの「植物」についてはどうだろうか？　この新たな「中心主義」は肯定するに値するのだろうか？　法的権利を享受し、肉体と血液を持ち、個体化され、精神的な生命を備え、誕生と死を経験し、内省したり世界を見つめたりできる……人間のこうした特権的な立場をあえて捨てようとするのはいったいどうしてなのだろう？　マーダーによると、脳内に眠っている植物層を覚醒させれば人間は「救済される」という。「意識の緑化」を実践することで、わたしたちは自らの「植物としての根源」に立ち返り、「抑圧された植物的な起源」に向き合えるようになるというのだ。[4] これは「実践」であって、単なる「他者性について考察するための心の持ちかた」ではない。今後の「ある計画」のために予備知識を整えておく作業だ。わたしたち人間は今、大きな決断を迫られているのである。

「植物中心主義は、植物的に考察されたトランスヒューマニズム（超人間主義）的共産主義である」[5] マーダーが提案する「植物が最重要位置を占める、中心のない倫理学や哲学」とはいったい何なのだろうか？[6]

これまで、「人間中心主義」や「擬人化」を批判するよりどころは、「生命中心主義」か「生態系中心主義」のいずれかとされてきた。「人間中心主義」に対しては、形而上学的および倫理学的な意味での人間の「中心性」が批判され、環境倫理学において「自然物」と呼ばれるものに対する人間の特権が否定されてきた（とりわけ自然環境保護の観点から）。「擬人化」に対しては、価値の中心は人間（だけ）にあるのではなく、さまざまな種が混ざりあう「すべての生命体」（この場合は「生命」は特別な意味を持たない）、あるいは個体ではなく「生態系」そのものにあるとして反論されてきた。さらに「人間中心主義」に対しては、「感覚と個体性のある生命」なら動物も持っているとして批判されてきた。ただし「擬人化」における批判はごく一部にとどまり、ルソーやレヴィ＝ストロースの発言にも見られるように、心理学的および物理学的に人間と似ているとされる動物の擬人化はむしろ積極的に行われてきた。生物の種にはそれぞれに特性があるという主張は肯定しつつ、高度な知性を持つことから生まれた高い技術、文字、自然と動物を支配する力を持った人類は、ほかの種とは区別されるべきとされたのだ。そして、倫理的価値の基準は「センティエント＝感覚能力の持ち主」にあるとして、この特性を共有する動物と人間は互いに尊重しあわなければならないとされた。

ところが、マイケル・マーダーが批判するのは、その人間と動物に共通する「感覚と個体性のある生命」そのものなのだ。マーダーによると、動物中心主義は人間中心主義が拡大されただけにすぎないという。人間と共通の性質を持つことを理由に、動物愛護主義者が動物の法的権利を要求しているだけだというのだ。[7] マーダーは、人間と似た構造を持つ生物を保護すべきとは考えず、ましてやそうした生物に共感もしていないが、じつは植物についても何も気にかけておらず、植物の権利や利益を主張してもいない。動物愛護主義者のように自ら行動を起こすことはなく、自由主義を標榜するにふさわしい能書きばかりを並べたてている。[8] おそらく、植物を保護するのは植物の擬人化につながるからだろう。植物を人間になぞらえるのはマーダーの意図するところではない。植物はその「不完全さ」ゆえに生物界の「最重要位置」を占め、精神物理学的に個体化されたものの形而上学的、倫理的、政治的、法的な地位を崩壊させうるのだ。植物中心主義は、植物の生命を理解する難しさについて考察するためではなく、「擬人観が作りだしたおぞましい遺産に対する戦い」と「擬人観に対して絶えず挑みつづける争い」の道具として生まれたのである。[9] マーダーがこの戦いの火蓋を切って落としたのは、自然や植物に権利を与えるためではなく、「人間中心主義的な自己認識システム[10]」を破壊し、植物の生命力や能力の高さを示して「人間の脱中心化[11]」を実現するためだった。さらにマーダーは「生命中心主義」もやり玉に挙げ、その「抽象性」(マーダーによると、この倫理観によって権利を与えられたものは観念上の自然や一般論としての生命のなかに消滅してしまうという)、および、その「すべてを形而上学化することで、環境を破壊し、その価値を低下させ、道具化する特徴[12]」を糾弾している。

なぜマーダーはそれほどまでに執拗に、あらゆる生命をひとつに包みこみ、すべてが溶け合うような生命の形態を求めるのだろう？　この試みは徹底して破壊的だ。植物中心主義は「混乱状態を作りだし、それによって人間中心主義的な自己認識システムが破壊され、(中略) 人間が不完全な状態の自らを認識しなくなる」[13]ために必要なのだという。だが、どうしてそんなことをしなくてはならないのか？　それによって人間、そして世界は何を獲得するのか？　マーダーによると、植物的な生命を得ると世界は全般的に幸せになるのだという。

「わたしたちの関心を植物に集中させるのは、すべての生物に関心を分散させることでもある。もっとも不確かな生命はもっとも普遍的であるからだ[14]」

この形而上学的な植物中心主義は、マーダーがそこに鉱石も含めるべきだと発言したことで、さらに理解しがたいものになる。

「鉱石は、母なる山における妊娠中の胎児のようなものとみなされる[15]」

だが、この「植物中心主義」が持つ本当の力は、「存在の中心を作る」のではなく、「存在の中心を内部から破壊する」ことにある[16]。このとき、前述したように、わたしたちの脳内に眠る根本的な土台の層、「緑化された植物層[17]」が覚醒するのだ。

マーダーは、この形而上学的でありつつ、倫理的かつ政治的でもある（ただしいずれにおいてもその正当性や利点は不明である）植物中心主義によって植物の生命を拡張させ、人間を「植物のようなもの[18]」に変質させて「脱人間化」を図ろうとしている。限界のない植物の体は「形而上学という概念の枠組み[19]」を破壊する力を持っている。まさにそれは、植物の生命が「本質的な他者性」を持っているからにほかならない。マーダーの「植物の生命」に関する哲学（その一部として、わたしたちがすでに考察してきた「時間性の不在」や「無関心」も含まれる）と、彼が推奨する「意識の緑化」との間には、目的がよくわからない「ある計画」がある。マーダーによるこうした考察は、植物の生命を研究する者のなかには、人間と動物の「感覚がある個体」における「中心」を破壊しようと企む者がいることを示している。もしその企みが成功すれば、すべての「センティエント＝感覚能力の持ち主」が自らの存在の本質に値する倫理的価値を獲得し、法的権利を享受する（いまだに実現していないが）可能性は完全に失われてしまうだろう。

第5章　植物の苦しみ——動物の苦しみを欺く手段

前章で、わたしたちの「中心」が破壊される危険性について述べたが、本章ではそれに関連して「植物も苦しんでいる」という「信仰」、そしてそれにまつわる問題点について考えてみたい。「植物は感情、知性、意識を持ち、繊細な感性や明晰な精神を備え、好意や失望さえも感じる」と信じている者たちは、たいてい「植物も苦しむ」と考えている。だがこうした視点は「理論的」ではなく、むしろ「ネオ・アニミズム的」だ。そのよりどころにされているのが、空想世界、信仰、紀元前の価値観、非欧米的な価値観などであるからだ。マリー＝アンジェル・エルミットはこう書いている。

「ペーター・ヴォールレーベンは、ふつうのナラではなく、『自分が管理している森のブナ』を自らと同一視している。これはほとんどトーテミズム（特定の動物や植物を象徴として崇める信仰）と言ってよいだろう[1]」

動物を拘束して殺害することへの批判に反論するために、わざわざ植物を「トロイの木馬」に仕立てあげる者たちの「背後の思想」（パスカルの表現を借りると）については、本書の冒頭でもすでに言及している。「シカに食べられたナラの苗木は、オオカミに食べられたイノシシと同じように苦しみながら死ぬ」と述べるヴォールレーベンや、「ニンジンを苦しめるのは、ウサギを苦しめるのと同じように倫理に反することだ[2]」と述べるドミニク・レステルは、哺乳類と植物は「同じように苦しむ」と主張する。だが、知識人の間で広まっている（課せられているとまでは言わないが）こうした考えかたは、根拠のない信仰や倫理観の拡大解釈にもとづいており、彼らがそれを証明する材料を持っているわけではない。

それにしても、動物が被る苦しみについてわたしたちが話し合おうとしているときに限って、必ず植物の話が持ちだされるのには心底驚かされる。これは非常に周到な妨害手段と言えるだろう。確実であるはずのことをうやむやにして、いつも話を途中で打ちきってしまう。動物の苦しみはわたしたちが「経験」していることで、生理学や心理学によって「証明」もされている。一方、植物の苦しみはわたしたちが経験していないことであり、生物学によって証明されてもいない。植物を含むすべての生命体が刺激に対して細胞レベルで反応するというごく初歩的な知識を、ぎりぎりいっぱいまで拡大解釈して「植物の苦しみ」と無理やりこじつけているだけだ。こうしたやりかたは、わざと話をそらすことで、動物に対する違法的な暴力についての議論を中断させるのが目的であるのは間違いない。

「植物の苦しみ」は、「動物の苦しみ」から目をそらさせるための新手の方法だ。多くのケースがそれを証明している。現在、ペーター・ヴォールレーベンの著書は世間で高い評価を得ているが、それは彼の主張に込められた「メッセージ」に負うところが大きい。「動物の苦しみ」の責任追及にうんざりしていた者たちにとっては、ヴォールレーベンのおかげで好都合な抜け道が見つかったのだ。たとえば、ジャック・デリダはこの件についてこう述べている。

「産業、科学、技術の各分野で行なわれている動物への暴力は、現実問題においても法律上においてももうこれ以上は許容できないところに来ている。こうしたやりかたはどんどん世間では通用しなくなってきている。人間と動物の関係性は変わらなくてはならない。存在論上の必要性、そして倫理上の責任という、二つの意味でそうしなくてはならないのだ[3]」

一方、こうした懸念、そしてわたしたちに課せられているとされる責務について、ヴォールレーベンは次のような「メッセージ」を述べている。

「暖炉のなかで薪が割れ、パチパチと音を立てて跳ねるとき、炎に包まれているのはブナやナラの死骸だ。読者の皆さん、あなたたちが今手に取っている本の紙は、カバノキやトウヒを伐採して、つまり殺して、削った木材から作られている。え、それはちょっと言いすぎじゃないかって？　いや、わたしはそうは思わない。(中略)わたしたちは自分たちのニーズを満たすために生物を殺して使っている。その事実を美化する必要はない。いや、だからといってそれは非難されるべきだろうか? わたしたちも自然の一部であり、だからこそ、生き延びるためにほかの生物の有機質を必要とするのは当然なのだ。(中略)わたしたちは(中略)動物に対するのと同じように、不要な苦しみを与えないようにしながら木を取り扱わなくてはならない。(中略)つまり、彼らを利用する代償として〈情報交換〉と〈通信〉という相手のニーズを満たしてやり(中略)彼らの知識を次世代に伝えられるようにしてやる必要がある。そのためには、彼らのうちの少なくとも一部には長寿をまっとうさせて、誇り高い自然死を迎えられるようにしてやらなければならない[4]」

植物を人間の破壊行為から守るのは不可能だ。いや、人間に限らずほとんどすべての生物は、植物を損なうことで栄養分を摂取している。だが、もし植物を「感覚」と「知性」を持つ生物とするなら、同じように「感覚」と「知性」を持つ動物を栄養摂取のために大量に屠畜する行為も、その「不可能性」については同等になる。ヴォールレーベンは自らの主張によって、多くの人々が望んでいること、つまり、わたしたちの「食肉」の罪を赦し、無実を証明し、安心させてくれて、「結局どうすることもできないのだ」と思わせてくれるメッセージを与えているのだ。彼のことばは、動物との暴力的な関係性に対するわたしたちの罪悪感、心の重荷、責任の大きさを取りのぞいてくれる。そしてこの「免罪」には計り知れない価値がある。現在、同じように「食肉の免罪」を保証することばはいずれも、たとえ理論上およびデータ上は不十分であっても世間で高い支持を得ている。わたしたちは、たとえ根拠がなくても、動物が犠牲になるのはしかたのないことで、動物の運命は結果的にそれほど悪いものではない、つまり暴力の末に死んでも「共同体にとっては意味がある」と納得させてくれることばを求めているのだ。だがヴォールレーベンは、動物に「不要な苦しみ」を与えないようにすべきだと本当に思っているのだろうか？　それが法律でどのように規定されているかを知っているのだろうか？　いずれにしても、彼は少なくとも同類の一部が長寿をまっとうし、誇り高い自然死を迎えるのを「木に対しては」願っている。だが、「動物に対しては」そうではない。たとえ一部であっても動物が長寿をまっとうするのを彼は望んでいない。本当にこれが植物の倫理が目指したことなのだろうか？

植物が苦しむかどうかという問題は、十年ほど前からスイスの「ヒト以外の種におけるバイオテクノロジー連邦倫理委員会（ＥＣＮＨ）」の研究テーマとなっており、その研究結果は「植物界における被造物の尊厳――倫理的価値という名における植物の尊厳の問題」という二十ページほどの報告書としてすでに公開されている。この研究は、一九九二年、スイス連邦憲法の基本権に関する法文に、生物の自らにとっての（人間にとってではなく）価値を記した「被造物の尊厳」という項目が加えられたのをきっかけにスタートした。それ以来、この「被造物の尊厳」は「自己目的性」（他者のためではなく自らの目的のために存在すること）[5]とセットになって、形而上学的および倫理学的に研究されるようになった。これは、「侵害刺激」（痛みや組織損傷を引き起こす刺激）と「侵害反射」（侵害刺激に対する反応）の発見にもとづいた実証的な研究とは正反対の方向性にあると言えるだろう。

だが実際のところ、植物保護の問題は解決されなくてはならない。はたして植物は保護されるべきか？　だとしたらどういう名目で？　一般的には、植物は倫理的に尊重されるべき生物としての基準を満たしていないとみなされるため、わたしたち人間は植物を利用するのを倫理に反していると（ほとんど）感じていない。一方、ＥＣＮＨは「生命中心主義的」だ。いや、「やや生命中心主義的」と言うべきだろう。「生きている有機体」というだけでは、倫理的な権利が全面的に付与されるには不十分だと認めているからだ。植物にも感覚があり、固有の利益を持っているとする「パトス中心主義（痛感中心主義）」の立場を取っているのは、委員会においてごく少数派（植物学者など）にすぎない[6]。過半数の意見は次のとおりである。

「植物に内面的な生命があることを示す確かな証拠はない。動物は法によって保護される権利を持つと確信しているわたしたちにとって、すべての内面的な生命は〈意識〉と結びついている。ところが現時点で、植物に〈意識〉があることを示す手がかりは何ひとつとして見つかっていない[7]」

このことから、ＥＣＮＨの少なくとも一部のメンバーは、「苦しみ」は刺激に対する反応（侵害反射）とは別ものだと理解しているとわかる。「苦しみ」は「実際の経験」、つまり「意識による経験」だ。だが、植物が「意識による経験」をすると証明できるものは何もない。

では、「植物保護の問題」に関するＥＣＮＨの結論はどうだったのか？　メンバーの意見は割れたが、委員会としての見解は「植物に対する不当な侵害は倫理的に非難されうる」となった。だが、この見解がどのような基準で採用されたかは報告書に書かれていない。過半数は「植物を自らの生存のために道具化するのは倫理的に正当化される」と判断している一方で、「植物の絶対的な所有権」は棄却され、「何者も自らの純粋な喜びのために植物を利用する権利を持たない」とされた(8)。だが、「自らの純粋な喜びのために植物を利用する」とはどういうことか? 自家菜園を作ったり、その菜園を維持するために雑草取りをしたり、芝生を刈ったり、庭園を「フランス風」に整えたり、植物を食べたりするのも非難されるべき行為なのだろうか? 植物を土に植えて、育てて、土から引きぬいて、食べる行為は、「植物に関する絶対的な所有権」の行使に匹敵するのだろうか? ECNHによる報告書の最後にはこう書かれている。

「人類の存続を目的としている場合、バランスと節度が尊重される限りにおいて、植物に対するどのような行為も倫理的に正当化される(9)」

だが、どうして「個体の生存」ではなく「人類の存続」なのか? 植物を栄養源として摂取するほかの生物たちについて言及されていないのは、おそらくひとつにはほかの生物たちが植物を必要とする絶対量が少ないこと、そしてもうひとつには人間の知識や能力によってのみ実行されうる自然破壊、環境汚染、遺伝子操作などの計画にほかの生物たちが関わっていないことによるのだろう。

第3章で言及した『樹木の権利宣言』を覚えているだろうか。この『宣言』は全五章で構成されているが、そのうちの一章は前述したとおりだ。では、ほかの章には何が書かれているのか? とりあえず、「植物の苦しみ」が何かを説明する記述はない。その一方で、木は自然環境のバランスにおいて「基本的な役割」を果たしている、そして環境の変化を「感じやすい」と書かれている（ただしここで言う「感じやすい」とは「感覚がある」という意味ではなく、その環境の条件が「よいか悪いかがわかる」という意味である）。これら二つの理由から、この『宣言』は「木が成長するのに必要な大気と土地を享受する権利」、そして「もともとの物理的な姿が尊重される権利」を要求している。次の第四章のことばは、木を「感覚がある存在」というよりまるで「歴史的建造物」とみなしているかのようだ。

「樹齢、外見、歴史という点で傑出していると判断された木は、特別扱いされる価値がある」
この特別扱いによって「高い地位」が与えられた木を、人間社会は「自然文化財」として保護している。『宣言』の第五章には、人間によって利用される目的で植えられた「一部の木」は、第四章までに列記された権利を享受しない旨が書かれている。ただしこれらの木を利用する際には、「生命の循環」を考慮して、再生されるよう配慮しなくてはならない。つまりこの場合の木は「個体」ではなく「共同体の一員」として扱われているのだ。この『宣言』を読めば、木の地位を明確に示すのがいかに難しいかがわかる。木は、目が見えず口がきけない歴史の証人である石造りの歴史的建造物と、自らを脅かす者に対して反応し自己防衛する個体としての生物との中間に位置しているのだ。

おわりに

本書ではまず、植物の生命について認識論的な視点で考察してきた。植物の外見の描写と分類を行なう植物学、そして植物の機能を調べる植物生理学を通して、植物と動物の「類推」を行なうのは人間のもともとの傾向であると述べた。だが、植物を手本にして動物の構造を理解しようとすると、あまりにも簡略化しすぎてしまう。逆に、動物を手本にして植物の機能を理解しようとすると、誤った意味が付与されてしまう。そこでわたしたちは認識論上の大きな問題にぶつかった。外見と現実は異なるのだ。実際、わたしたちは植物について描写する際に、しばしば「あたかも◯◯かのように」という言いかたをする。植物は「あたかも脳があるかのように考え」、「あたかも目があるかのように見て」、「あたかも意志があるかのように動く」……。ショーペンハウアーはかつて「類推」は人間の判断を誤らせると批判した。だが近年、再び頻繁に植物と動物の「類推」が行なわれるようになっており、植物の理解に混乱をもたらしている。たとえ外見上は似ているように見える動きでも、植物と動物とではもともとの動機が異なるので、そこを混同してはならない。

「類推」よりさらに大胆なのが、超越論的な考察によって導きだされた、植物と動物の機能には「相同性」（それぞれの器官が共通の起源に由来すること）がある、とりわけ植物と動物は共通の「感覚器官」を持っている、とする考えかただ。本書では、さまざまな研究者たちがそのように結論した理由を紹介してきた。こうした考えかたは物ごとを単純化することから生じたのだが、それによって植物には「精神的な生命」があると考えられるようになった。本書では、ジョルジュ・カンギレムの表現を借りると、生命を「文法」として認識し、経験論的な基準で植物を観察する是非を問うてきた。ヘルムート・プレスナーは「位置性」という独自の概念にもとづいて、植物界と動物界を存在論的に区別する方法を示し、経験論的な基準だけでは二つの界の境界線を引くことはできないとしている。実際、いずれかの界の外見上の顕著な特徴を持つ生物が、その界固有の特性を備えていないケースも少なくない。結局、経験論的な基準だけでは、生物界において両極端に位置するものさえ区別するのは不可能なのだ。一方、植物の「擬人化」については、もはや科学的研究の成果としてではなく、まったく別の現象として分析すべきものになってしまった。この現象の唯一の利点として挙げられるのは、物ごとを擬人化せずに理解するにはどうしたらよいかを考えるきっかけを作ったことにある。もし植物の生命が、擬動物化や擬人化では理解できない、フランシス・アレの表現を借りると「本質的な他者性」を持っているとしたら、わたしたちは植物をどの程度まで知っていると自信を持って言えるだろうか。

フリードリヒ・ヘーゲルは、存在論的な視点で考察したうえで、植物と動物は別の有機体として区別すべきだと結論している。動物が自発的に行動したり、未知のものに立ち向かったりするようになったことで、植物にはない動物固有の特性が生まれた。つまり、「即自的」(自らの存在が自足している状態)ではなく「対自的」(自らの存在を対象化している状態)な主観性が形成されたのだ。

その後の現象学および哲学的人間学の研究は、いずれもヘーゲルが敷いたレールに沿って行なわれている。特筆すべきは、これらの研究によって、植物と動物の区別をあいまいにしてきた認識論的な分類、および、一部の研究者たちによって主張されてきた動物と植物の存在論的な同等性が、完全に否定されたことである。現象学的な視点で見ると、動物と植物の存在は本質的に異なるとされる。植物の「反応」は自らの存在意義を示す「応答」ではないため、外からの刺激に対する植物の「生命」は、動物や人間の「生存」とは別ものだ(ただし動物や人間はそれぞれ別のやりかたで「生存」しているが)。「生存」とは「死すべき運命の生物によって実際に経験される生命」である。潜在的に不死で、自らが作りだす種子によって何度でも再生し、毎年繰り返し芽を出し(多年性の場合)、枯れても伐採されても生まれ変わり、分割することで別の生命を生みだし、すべてに無関心である植物は、好悪や欲望や恐れによって選択しながら関係性を築き、肉体と血液を持つがゆえに不安を感じている動物とはまるで異なる。動物と植物は正反対の存在なのだ。しかしながら現象学の研究は、動物と植物のそれぞれの存在の本質を理解するのに重要な点には触れていない。というより、正確に言えば黙殺している。これは「経験する生物」かどうか、つまり「意識がある生命」を持つか否かという問題なのだ。植物の生命には「精神的な生命」のような深層がない。フロイト的な意味において、自らの体の構造が崩壊するかもしれない、精神的な苦しみを味わうかもしれないという、無意識領域を含む深層を持っていない。植物の生命は忘我状態であり、マックス・シェーラーのことばを借りると「内省しない生命」である。こうした「欠如的な定義」は、植物の生命について本格的な分析を行なう出発地点になると同時に、植物の生命に動物の特徴が見いだせるかどうかを考察するきっかけになる。そうしたことから、本書の第2部では、個体化された生命、空間的な動き、行動の自由、経験される時間といったさまざまな要素を併せもつ「存在」(存在はその総体としてのみ考慮されるべきで、各要素ごとに分割して理解することはできない)について考察してきたのだ。

植物と動物の存在の本質的な違いが判明すると、今度は、植物を倫理的に尊重すべきか、もしすべきだとしたらどのような法的権利を与えるべきか、という問題が浮かび上がってくる(これは環境保護問題にも大いに関連してくる)。植物という存在を主体として法的権利を与えるのは簡単ではない。倫理学者のジョエル・ファインバーグによると、欲望も信念も「自らにとっての利益」も持たない植物に権利を与えるのは難しいうえ、もしそうなると結果的に「すべての生物」に法的権利を与えなくてはならなくなるので、さらに問題が厄介になるという。すべてを守ろうと欲張ると、結局は何ひとつ守れないことになりかねないのだ。一九七〇年代半ばには、「生命中心主義」と

「生態系中心主義」の二派に分かれた環境倫理学がそれぞれの主張を訴えるようになった。この学問の主な狙いは、当時主流だった「人間中心主義」的な考えかたを「自然物の内在的な価値」を基準にした考えかたに移行させることにあった。だがそれと同時にわたしたちはおそらく、クロード＝レヴィ・ストロースやフランシス・アレと同じように、木の伐採場面を見て「嫌悪感」をおぼえる理由を知りたかったのだ。それについては、植物自体が感覚と知性を持ち、不愉快な思いを味わい、自らの運命を嘆いているからではなく、わたしたち人間が美しいものが破壊され、汚染されるのを見て「不快感」を抱くからだと考えるのが妥当だろう。「不快感」は良心から生まれるもの、つまり「倫理的な感情」だ。この「倫理的な感情」は、もし植物の「伐採」を肉体と血液を持つ動物の「屠畜」と混同したりしなければ、おそらく尊い感情とみなされただろう。ところが、植物の生命、あるいはより広い視野で見た「自然物」（河川や山など）の保護を優先させる者たちは、どういうわけか動物の苦しみには無関心だ。まるでわたしたちにはよくわからない理由から、「自然への愛」が「動物への無関心」を自動的に生みだしているかのように見えるほどだ。その典型が、自らハンターであり、ウィスコンシン大学で狩猟鳥獣管理学を教える教授でもある、生態学者のアルド・レオポルドである[1]。

「生存」（死すべき運命の生物によって実際に経験される生命）は、わたしたち人間や動物のものだ（植物主義者には評判が悪いことばだが）。限りある生命を持つ個体は、一度しか生まれず、一度しか死なない。その生涯は多くの経験に彩られ、いくら時間が経とうがつねにひとつの実体として存在しつづけ、自らに特有のやりかたで自発的に行動する。それこそが「生存」だ。そういう意味で、わたしたちは自然の存在ではない。「自然法則」（自然界の現象や秩序を支配している法則）によって規定されるものを持っていない。確かに細胞や分子レベルでは「自然法則」にもとづいていると言えるが、それは精神物理学的な有機体におけるごく一部にすぎない。「生存」の大きな特徴のひとつは「内省性」であり、さらに言うなら「象徴化」である。内省によって見る自分と見られる自分は一致しないため、その二つの間に「象徴」が生まれるからだ。感覚がある個体同士の関係性と自然物との関係性を同じ倫理観で考えるのを拒否したからといって、「視野が狭い」と非難されるいわれはない。わたしたちは川で泳ぎ、山を登り、野草を採集し、植物を栽培して食べている。だが、その植物は必ず再生する。種子は生まれ変わるために死ぬのだ。植物哲学は、決して人間に「植物中心主義」的な倫理観を押しつけない。つまり、精神と感覚を持つ個体に与えられている倫理的な権利を捨てるよう、人間に要求したりするはずがない。

ペーター・ヴォールレーベンやステファノ・マンクーゾによる主張が多くの人たちに受け入れられた理由はすでに述べたが、これほどたやすく植物の「刺激に対する反応」が「応答」とみなされ、植物の動きのメカニズムである「屈性」が「自発性と志向性を持つ行動」とみなされるのはいったいどうしてなのだろう？　こうして植物と動物が認識論的そして存在論的に同等とみなされるのは、いったい何が「忘れられている」のだろうか。

この点については、人工知能とその手本とされる人間の脳との関係性にわたしたちが囚われすぎていることも関係していると考えられる。この二つの存在の場合、たとえわたしたちがそこに「類似性」を見いだしたとしても、それは誰がどう考えても「形だけの同一性」にすぎない。その差異は「程度」ではなく明らかに「性質」の問題だ。こうして考えると、もし生物というグループ全体を通して連続性があり、はっきりとした断絶がどこにも見当たらないとしたら、ある二つの対象の差異が「程度」の問題とされるには、生物の基本的な特徴、つまりもっとも一般的な共通点をどちらも備えていて、相違点が取るに足らない数や量であるとみなされるのが条件とされるだろう。そして、自発性、行動の自由、感情などはいずれも数量化したり方程式化したりできない。つまり植物と動物の差異は、人工知能と脳の差異とは違って、「性質」ではなく単に「程度」の問題にすぎないとみなされがちなのである。

脳の認知機能が発見された後も、動物や人間の「精神的な生命」の謎がすべて解明されるには至っていない。「個体は自らの精神的な生命によって思考し、文章を書き、行動をし、(中略)自らの経験の主体となる」が、同時に精神的な生命には無意識領域があり、その思考や文章や行動が何を意味しているかを知らないがために、「非合理的で不可解」なものになるからだ。[2] フロイトとアンリ・エーの意見にしたがうと(ラカンの意見には反するが[3])、多くの動物の種、とりわけ哺乳類は「心理装置」(つまり意識)を備えており、その精神的な近さゆえにわたしたち人間は動物と親密な関係を築けるのだという。その後、現象学者のフッサール、メルロ＝ポンティ、フレデリック・ボイテンディクらは、いわゆる高等生物(哺乳類と鳥類)は各個体がそれぞれ「実際の経験」をしており、それゆえに唯一かつ固有の「意識がある生命」を持っていると主張している。そして近年の研究では[4]、タコやイカなどの頭足類だけでなく、魚類さえも「意識がある生命」を持つと結論されている[5]。だが、こうした心理装置を備えた「精神」は、場合によっては破壊されることもある。精神的な「苦しみ」はそれぞれの個体に固有のものであり、内側に秘められたり、外見に表れたり、個体全体をむしばんだり、症状として現れたりする。こうした「苦しみ」は、精神物理学的な生命体のどこに位置するかは不明だが、「自らを攻撃してきたものに対して反応する」だけの生命体には感じられない。「動物」の多くの種が「精神的な生命」を持っているのは、わたしたち人間と「関係性」を築いているからではなく（たとえその関係性によって動物の生命と人間の生命の間に新しい何かが生まれたとしても）、彼らに、いや少なくとも野生の哺乳類には、フロイト的な仮説を適応させるのが可能だからだ。つまり、「深層」を持っているのである。

精神的な生命、いや、「心理装置」（意識）がある生命と、この地球の陸上と水中に生息するさまざまな「意識がない生命」を明らかに確実に区別する境界線は、いったいどこにあるのだろう？前述したように、アンリ・ベルクソンは、「生物＝意識があるもの」と考えるのは危険だと述べている。たとえば、深い昏睡状態に陥って「意識を失った」人間を、だからといって「もはや生物ではない」と言うことはできない[6]。「意識」は、実際に目で見たり、触れたり、測定したりできる物質とは違って、あるかないかを正しく見極めるのはとても難しい。「意識」を構成している要素は、ことばで表現できるわかりやすいものも多少はあるが、大部分はあいまいで、おぼろげで、偏っていて、うっすらとした印象やイメージでできている。「意識」は、ひとつに固定して動かないものではなく、時間が経つにつれて変わっていく。つまり、「意識」はその性質上、測定されるのに向いていないのだ。

「意識」を構成するのは「経験される時間」だ。だからこそ、個体性がなく、不死であり、経験をしない存在、つまり植物は「意識がある生命」から除外される。しかしだからといって、植物には何の価値もなく、何の役にも立たず、わたしたち人間が関心を抱くに値しない存在と言いたいわけではない。その点についてもすでに記してきたが、その圧倒されるほどの種類の豊富さ、道端に咲く小さな雑草の美しさ、乾いた一粒の種子から芽が出る不思議さは、静かな生命、不滅の生命というイメージをわたしたちに与えることをあらためて強調しておきたい。おそらくだからこそ人間はむかしも今も、その地に根を下ろした威風堂々としたイメージから、物神崇拝の対象として木に関心を抱いてきたのだ。自然保護活動家のなかには、動物をなおざりにして、植物の生命にしか関心を抱かない者たちもいる。彼らにとって保護しなくてはならないのは森林であって、そこに暮らす動物たちではない。だが、植物の生命の「本質的な他者性」、その安定した存在感、力強い繁栄力、独創的な装飾、穏やかさ、寡黙さは、肉体と血液と死すべき運命を持つ動物の「生存」と協調しながら共生している。生まれ変わるために死ぬこの生命は、悲劇とは対極にある。

訳者あとがき

植物には感覚も知性もない。喜びや悲しみや怒りも感じないし、コミュニケーションを取ることもできない……あえてこう主張する行為は、半世紀前ならいざ知らず、二十一世紀になって二十年が経過した現在では挑戦的と言ってよいだろう。だがかつては、こうした考えかたのほうが主流だった。一九六〇年代終わり頃、ポリグラフ（嘘発見器）専門家のクリーヴ・バクスターが「植物には感情があり、思考もする」と主張したときは、世界中から変人扱いされたのだ。

ところがいまや、「植物には知性がある」、「植物は仲間同士でコミュニケーションを取る」と、科学者が堂々と主張する時代になった。本書で言及されているペーター・ヴォールレーベンやステファノ・マンクーゾをはじめ、「木々は会話している」と述べる森林生態学者のスザンヌ・シマード、「植物は人間の五感に相当する感覚を持っている」と主張する植物学者のダニエル・チャモヴイッツなど、枚挙にいとまがない。そしてわたしたち一般人も、「植物に音楽を聴かせたら成長がよくなった」、「鉢植えに話しかけたら芽を出した」などのエピソードをメディアや書籍で読み聞きするうち、「植物に感覚がある」ことを疑わなくなっていったのではないか（とくに日本人はこの手の話を、欧米人よりすんなり受け入れられる気がする）。こうしてわたしたちは、「桜の枝が折れていて痛そうだった」、「今朝、サボテンに話しかけたら喜んでいた」などと日常的に話をし、言われたほうも「こいつ、頭がおかしいのか？」などといちいち驚かず、相槌を打ったり、あるいは「うん、うちのバラもね……」などと同調したりしているのだ。

この風潮をバッサリと斬り捨てるのが、本書『そもそも植物とは何か』（原題：*Qu'est-ce qu'une plante? Essai sur la vie végétale* Florence Burgat, Éditions du Seuil, 2020）である。著者のフロランス・ビュルガはフランス人哲学者だ。本書では、フッサールやメルロ＝ポンティの現象学をベースに「植物の生命」について考察し、「植物は人間や動物とは異なる存在であり、感覚も知性もない」ことをひとつずつ丁寧に解説していく。だがじつは、ビュルガの専門は「植物」ではなく「動物」だ。これまで、動物の生命や権利に関する二十作近い書籍（共著を含め）と無数の論文を著しているが、植物に関する著書は本作が初である。たとえば二〇一七年に上梓された『肉食の人類』（未邦訳）では、人類が肉食をするのは栄養学的あるいは経済学的な理由からではなく、形而上学的な理由によると主張している。つまり、現代のように肉食をしなくても栄養面での不都合はなく、肉の味わいが好きだというなら代替品を作る技術もあるのにあえて肉食を続けるのは、動物を殺して食べることで「人間は動物より高等な生物だ、世界を支配しているのはわれわれ人類だ」と主張したいからだ、というのだ。

かつて哲学専攻の大学生だった二十三歳のビュルガは、映画で牛が屠畜されるシーンを見てヴィーガン（完全菜食主義者）になり、以来三十五年以上にわたって「動物とは何か」をさまざまな視点から考察してきた。「植物」をテーマにした本書でもその姿勢は変わらない。たとえば本書の第1部の第4章では、「感覚がある存在とは、自らの身に起きた出来事を自分のこととして経験する存在のことだ。傷つけられて苦しむのは神経や骨ではなく、その存在自身だ」と述べ、「したがって植物には感覚がない」と主張し、ジャン＝ジャック・ルソーの次のことばを引用している。「わたしが他者を苦しめてはならないと思うのは、相手が良識ある生き物だからではなく、感覚がある生き物だからだ。動物と人間に共通するこの特性によって、すべての動物と人間は、少なくとも他者から不必要に苦しめられてはならない」

ビュルガは本書で何を言いたいのだろう？　植物には感覚も知性もないと今あらためて訴えることにいったいどういう意図があるのか？　その答えの一端は、本書の冒頭の「はじめに」にすでに表れている。「植物は、人間や動物と同じように生き、苦しみ、死ぬ」と主張するヴォールレーベンやマンクーゾの書籍が世界中でベストセラーになっている現状を憂い、「こんなことには何の意味もない」と一刀両断にし、やや感情的とも思える口調でこう吐きだしているのだ。

「植物に対する〈寛大な姿勢〉によって浮き彫りにされるのは、〈中略〉人間や動物は守られて、植物だけがなおざりにされるのはおかしい。だったら、どんな生物に何をしてもかまわないだろう〉という主張だ。これを突き詰めると、場合によっては〈何を捕食しても倫理上は間違っていない〉事態にもなりかねない」

「最近では〈ニンジンの悲鳴が聞こえないのか〉などと菜食主義者を揶揄するのが一種のブームになっているらしい。（中略）その狙いは〈動物が悲鳴を上げているだなんて、頭がおかしい人間の想像上の産物だ〉と、動物愛護を掲げる菜食主義者を批判することにある。ニンジンの悲鳴が聞こえるのが幻想であるなら、動物の悲鳴が聞こえるのも幻想にすぎない（中略）と言いたいのだ」

ビュルガの「植物には感覚も知性もない」という主張は、ある意味ではプロローグにすぎない。

……いや、もちろんそこへ至るまでの考察が本書最大の醍醐味だが、それでも真骨頂は最終部の第3部にあると言っていいだろう。第1部と第2部でそれぞれ認識論的、存在論的に「植物」を考察し、「植物は感覚を持たず、主体がなく、個体ではなく、本当の意味では死なず、自己同一性を持たず、意識がない」ことを明らかにしたうえで、第3部で「だからこそ、植物に倫理的権利はない」と断言する。そして、植物、さらにそれとしばしば同等に扱われる「自然」に「権利」を与えようとする者をこう糾弾する。

「自然保護には、動物に対する最低でも〈軽視〉、最高だと〈軽蔑〉がつねに伴う。だが、その逆は真ではない。動物愛護には自然に対する〈軽視〉や〈軽蔑〉は伴わない」

つまりビュルガは本書で、植物の権利主張の裏には動物への無関心がある、と大胆にも告発しているのだ。

さらに第3部の第4章で、「植物中心主義」による「感覚がある個体における中心の破壊」、「脱人間化」の企みを暴くくだりでは、「全体」のために人間の「個」がなおざりにされることへの危惧はもちろん、「カニバリズム（人肉嗜食）」の復活に対する警告も感じられるのだが……訳者の考えすぎだろうか？　前述した『肉食の人類』でビュルガは、「カニバリズムが恐ろしいのはそれが犯罪だからではない。自らの同類を摂取し、排泄する行為だからこそ恐ろしいのだ。他者の肉を平気で食べる行為には、あらゆる認識が欠如している」と述べている。

個人的な話で恐縮だが、訳者は鉢植えのポインセチアが翌冬にまた花を咲かせたこと（そのためにはちょっとした手間がかかる）で小躍りするくらいには植物好きで、じつはビュルガが本書で糾弾しているマンクーゾの『植物は〈知性〉をもっている』（NHK出版）をおもしろく読んだクチである。そこで本書を読んだあとであらためて再読したところ、ビュルガはマンクーゾの主張のことごとくに執拗なまでに反論しているとわかって思わず苦笑してしまった（関心のある人は読み比べてみてほしい）。

植物はわたしたち人間のように会話をし、固有の性格（やさしかったり意地悪だったり）を持ち、五感どころか二十もの感覚があり、すぐれた知性を誇り、だからこそ「植物の権利」を認めるべきだというマンクーゾの主張は確かにわたしたちの心情に訴えるものがあるが、ビュルガの（数々の著名哲学者の文献という）鎧（よろい）をまとった一分の隙もない分析を読んだあとだと、まるで夢物語のように感じられる。同じように本書で厳しく批判されているヴォールレーベンの『樹木たちの知られざる生活』（早川書房）はさらにファンタジー要素が強く、まるで『指輪物語』の「エントの森」のようだ。本書にも引用されている「シカに食べられたナラの苗木は、オオカミに食べられたイノシシと同じように苦しみながら死ぬ」ということばは、ヴォールレーベンによると「木について調査し、観察し、考え」た末に判明した「樹木の秘密」だという。確かに植物の擬人化には抗いがたい魅力があるが、こうした描写はビュルガの言うように「越えてはならない境界線を越えている」ように思われる。

だが、ビュルガは決して「植物は生物界の最下層にいるのだから、尊重する必要などない」と結論しているわけではない。植物（自然）を尊重するのに必要なのは「権利を与えること」ではなく「経験をすること」だと、第1部の第7章、第2部の第6章、第3部の第2章で繰り返し訴えている。とくに第2部の第6章の「目的のない外見」についての考察は、「花が美しいのは受粉を促進するため」という実用主義的な通説をくつがえそうとする、美しくて気高い文章だ。

末筆になるが、本書の翻訳の機会を与えてくださり、遅々として進まない訳者の作業を辛抱強く見守り、いつも的確な助言と温かい励ましをくださった、河出書房新社の揖木敏男氏に心から深謝申し上げる。

(7) 同上、p. 15.
(8) 同上、p. 20.
(9) 同上。

おわりに

(1) 参照：本書の第 3 部　第 3 章の原注 (4)
(2) Robert Viry, « Le fonctionnement psychique et ses dérèglements », *in* André Cuvelier (dir.), *Psychisme et intelligence artificielle*, Nancy, Presses universitaires de Nancy, 1992, p. 95–96.
(3) Henri Ey, « Le concept de "psychiatrie animale" (difficultés et intérêt de sa problématique) », *in* Abel-Justin Brion et Henri Ey, *Psychiatrie animale, op.cit.*, p. 11–40.
(4) 参照：la synthèse réalisée sous la direction de Pierre Le Neindre, Muriel Dunier, Raphaël Larrère et Patrick Prunet, *La Conscience des animaux*, Versailles, Quæ, 2018.
(5) Frederik Buytendijk, « Les catégories fondamentales de l'organisation et de la désorganisation de l'existence animale », p. 113–120, et Georges Lanteri-Laura, « La "psychiatrie animale" et les troubles du comportement chez les animaux », p. 121–134 in Abel-Justin Brion et Henri Ey, *Psychiatrie animale, op.cit.*
(6) 参照：Michel Bitbol, *La conscience a-t-elle une origine? Des neurosciences à la pleine conscience: une nouvelle approche de l'esprit*, Paris, Flammarion, « Bibliothèque des savoirs », 2014.

(2) Michael Marder, « Pour un pythocentrisme à venir », traduit de l'anglais par Quentin Hiernaux, in *Philosophie végétale, op.cit.*, p. 115-132; citation p. 130.

(3) 同上、p. 131.

(4) 同上、p. 126 et p. 129.

(5) 同上、p. 131.

(6) 同上、p. 132.

(7) 同上、p. 119-120.

(8) 同上、p. 126.

(9) 同上、p. 127.

(10) 同上。

(11) 同上、p. 121.

(12) 同上、p. 118.

(13) 同上、p. 127.

(14) 同上、p. 122.

(15) 同上、p. 123.

(16) 同上、p. 123.

(17) 同上、p. 128.

(18) Michael Marder, *Plant-Thinking. A Philosophy of Vegetal Life*, New York, Columbia University Press, 2013, p. 15, p. 34 et p. 65.

(19) Ibid., Première partie: « Vegetal anti-metaphysics », chapitre 2: « The Body of the Plant; or The Destruction of the Metaphysical Paradigm », p. 33 et suiv.

第５章

(1) Marie-Angèle Hermitte, « Artificialisation de la nature et droit(s) du vivant », *in* Philippe Descola (dir.), *Les Natures en question, op.cit.*, p. 273.

(2) 参照：本書の「はじめに」の原注(8)と(9)

(3) 『来たるべき世界のために』（ジャック・デリダ、エリザベート・ルディネスコ著、藤元一勇他訳、岩波書店）

(4) 『樹木たちの知られざる生活——森林管理官が聴いた森の声』（ペーター・ヴォールレーベン著、長谷川圭訳、早川書房）

(5) Commission fédérale suisse d'éthique pour la biotechnologie dans le domaine non humain, *La Dignité de la créature dans le règne végétal. La question du respect des plantes au nom de leur valeur morale* (Berne, 2008), p. 3.

(6) 同上、p. 14.

(7) Joel Feinberg, « Les droits des animaux et les générations à venir », traduit de l'anglais par Hicham-Stéphane Afeissa, Philosophie, n°97, printemps 2008, p. 64-90; citation p. 70.

(8) Ibid., p. 72.

(9) « Déclaration des droits de l'arbre », proclamée lors du colloque à l'Assemblée nationale le 5 avril 2019 organisé par l'association A.R.B.R.E.S. remarquables. Je remercie Nicolas Treich d'avoir porté ce texte à ma connaissance.

(10) Joel Feinberg, « Les droits des animaux et les générations à venir », trad. Hicham-Stéphane Afeissa, *Philosophie*, n° 97, printemps 2008, p. 64-90; citation p. 73.

(11) 同上、p. 74.

(12) 同上、p. 74-75.

(13) 同上、p. 75.

(14) 同上。

(15) 同上、p. 73.

(16) Élisabeth de Fontenay, « Une communauté de destin », postface à *L'Homme, la nature et le droit, op.cit.*, p. 382-383.

(17) Raphaël Larrère, « La protection de la nature et les animaux », *Revue semestrielle de droit animalier*, 2016, vol. 1, p. 265.

(18) Isabelle Arpin, « Entre faire vivre et faire mourir. La pluralité des traitements des animaux dans les espaces protégés français », *Revue semestrielle de droit animalier*, 2016, vol. 1, p. 248.

(19) Catherine Larrère, *Les Philosophies de l'environnement, op.cit.*, p. 45. Voir plus largement le chapitre « Les animaux et l'environnement », p. 39-59.

(20) 参照：Florence Burgat: *Liberté et inquiétude de la vie animale*, Paris, Kimé, 2006, et Une autre existence. *La condition animale*, Paris, Albin Michel, « Bibliothèque idées », 2012.

(21) 『構造人類学』（クロード・レヴィ＝ストロース著、荒川幾男他訳、みすず書房）

(22) Boyan Manchev, « La liberté sauvage. Hypothèses pour une politique animale », *Lignes*, n° 28, février 2009, p. 82.

第4章

(1) 参照：本書の第3部　第2章の原注(3)

284. À propos des « trois chemins de l'animisme juridique contemporain », voir p. 265–273.

(16) Catherine Larrère et Raphaël Larrère, *Penser et agir avec la nature, op.cit.*, p. 10.

(17) René Demogue, « La notion de sujet de droit. Caractères et conséquences », *Revue trimestrielle de droit civil*, n° 3, 1909, p. 611–655; citation p. 630.

(18) 同上、p. 631.

(19) 同上、p. 635.

(20) 同上、p. 639.

(21) Matthew Hall, *Plants as Persons, op.cit.*, p. 13.

(22) 同上、p. 18 et suiv.

第3章

(1) Kenneth E. Goodpaster, « De la considérabilité morale », traduit de l'anglais par Hicham-Stéphane Afeissa, in *Éthique de l'environnement. Nature, valeur, respect*, Paris, Vrin, « Textes clés », 2007, p. 61–91 (citations respectivement p. 65 et p. 76).

(2) 参照：Aldo Leopold: *Almanach d'un comté des sables*, traduit de l'anglais par Anna Gibson, préface de Jean-Marie Le Clézio, Paris, Flammarion, 2000; Holmes Rolston III, « Is there an Ecological Ethic? », *Ethics 85*, 1975, p. 93–109; Paul W. Taylor, « L'éthique du respect de la nature. Les systèmes d'éthique environnementale anthropocentrique et biocentrique », traduit de l'anglais par Hicham-Stéphane Afeissa, in *Éthique de l'environnement, op.cit.*, p. 111–152; John Baird Calicott, *In Defense of Land Ethic. Essays in Environmental Philosophy*, New York, Suny Press, 1989. Pour une synthèse de l'écocentrisme, voir: Catherine Larrère, *Les Philosophies de l'environnement*, Paris, PUF, « Philosophies », 1997, p. 18–38, et Rémi Beau, « Ecocentrisme », *Dictionnaire de la pensée écologique*, sous la direction de Dominique Bourg et d'Alain Papaux, *op.cit.*, 2015, p. 307–309.

(3) Jean-Yves Goffi, *Le Philosophe et ses animaux. Du statut éthique de l'animal, Nîmes*, éditions Jacqueline Chambon, 1994, p. 253.

(4) 同上。

(5) Tom Regan, *Les Droits des animaux*, traduit de l'anglais par Enrique Utria, Paris, Hermann, « L'avocat du diable », 2012, p. 478.

(6) Antoine C. Dussault, « Welfare, health, and the moral considerability of nonsentient biological entities », revue *Les Ateliers de l'éthique*, vol. 13, n° 1, hiver 2018, p. 184–209.

(2)　参照：本書の第１部　第４章

(3)　Marie-Angèle Hermitte, « Nature (sujet de droit) », *Dictionnaire de la pensée écologique*, sous la direction de Dominique Bourg et Alain Papaux, Paris, PUF, « Quadrige », 2015, p. 691.

(4)　Catherine Larrère, *Les Philosophies de l'environnement*, Paris, PUF, « Philosophies », 1997, p. 23-24.

(5)　Christopher Stone, *Les arbres doivent-ils pouvoir plaider? Vers la reconnaissance de droits juridiques aux objets naturels*, traduit de l'anglais par Tristan Lefort-Martine, préface de Catherine Larrère, Lyon, Le passager clandestin, 2017.

(6)　Bernard Edelman et Marie-Angèle Hermitte (dir.), *L'Homme, la nature et le droit*, Paris, Christian Bourgois, 1988.

(7)　参照：Roland Hepburn, « L'esthétique contemporaine et la négligence de la beauté naturelle », in *Esthétique de l'environnement. Appréciation, connaissance et devoir*, textes réunis et traduits par Hicham-Stéphane Afeissa et Yann Lafolie, Paris, Vrin, 2015; « Textes clés », p. 48.

(8)　参照：Arnold Berleant, « L'esthétique de l'art et de la nature », in *Esthétique de l'environnement...*, *op.cit.*, p. 100-103.

(9)　Catherine Larrère et Raphaël Larrère, *Penser et agir avec la nature...*, *op.cit.*, p. 82.

(10)　参照：Holmes Rolston III, « De la beauté au devoir: esthétique de la nature et éthique environnementale », in *Esthétique de l'environnement, op.cit.*, p. 278; et Ned Hettinger, « L'objectivité en esthétique environnementale et la protection de l'environnement », in *Esthétique de l'environnement, op.cit.*, p. 311-313.

(11)　『わが生活と思想より』（アルベルト・シュヴァイツァー著、竹山道雄訳、白水社）「オゴウェ川を上る船で過ごした三日目の夜、日暮れどきにカバの群れに遭遇した。そのとき突然、わたしの心に〈生命への畏敬〉ということばが浮かび上がった。堅固な扉は消えさっていた。（中略）わたしはついに、生命と倫理を併せ持つ主張を行なう理念を手に入れたのだ」

(12)　『シュヴァイツァー著作集〈第７巻〉』収録「文化と倫理」（アルベルト・シュヴァイツァー著、氷上英廣訳、白水社）

(13)　Catherine Larrère, préface à l'article de Christopher Stone, *Les arbres peuvent-ils plaider?*, *op.cit.*, p. 23 et 25.

(14)　Pierre Brunet, « Les droits de la nature », *op.cit.*

(15)　Marie-Angèle Hermitte, « Artificialisation de la nature et droit(s) du vivant », *in* Philippe Descola (dir.), *Les Natures en question*, Paris, Odile Jacob, 2018, p. 257-

が抜けきっていない』などと称されているというだけで、法律によって一般的に要求される扱いをする必要はないとされることがあまりにも多かった」

(13) 参照：Catherine Larrère écrit: « Qu'est-ce que l'humanisme aujourd'hui? », *Humanité et Biodiversité*, n° 4, 2017, p. 62.「動物と同等化されたり、動物のように扱われたりする者たちを受け入れて集団を再編成する場合、その集団の外側にいる〈人間ではない生物〉はなおざりにされる。（中略）このことは、人間に対しては許しがたいとされる行為が、動物に対しては当たり前だと考えることにつながる。「あいつはぼくを犬（豚、家畜）のように扱った」という表現は、相手から「不当に扱われた」ことを意味する。だがそれは、同じ行為を犬（豚、家畜）に対して行なうのは許されるということになってしまうのだ」

(14) 『はるかなる視線〈1〉〈2〉 新装版』（クロード・レヴィ＝ストロース著、三保元訳、みすず書房）、『構造人類学』（クロード・レヴィ＝ストロース著、荒川幾男他訳、みすず書房）

(15) 『はるかなる視線〈1〉〈2〉 新装版』（クロード・レヴィ＝ストロース著、三保元訳、みすず書房）

(16) 同上。

(17) 同上。

(18) 同上。参照：Dans le même sens, Catherine Larrère et Raphaël Larrère *Penser et agir avec la nature. Une enquête philosophique*, Paris, La Découverte, 2015, p. 88.「（人間の破壊活動によって）絶滅する種は、何百万年という進化の過程を経てこの地球に誕生したものである。短期的な利益のための活動と、それによってもたらされる取り返しのつかない結果とのギャップの大きさは、直観的に見てあまりにも衝撃的だ」

(19) 『構造人類学』（クロード・レヴィ＝ストロース著、荒川幾男他訳、みすず書房）

(20) 同上。

(21) 『人間不平等起源論』（ジャン＝ジャック・ルソー著、中山元訳、光文社他）

第2章

(1) Pierre Brunet, « Les droits de la nature et la personnalité juridique des entités naturelles en Nouvelle-Zélande: un commun qui s'ignore? », *Giornale di Storia costituzionale*, n° 38, vol. 2, 2019, p. 42.

comme manifestation chez Raymond Ruyer et Adolf Portmann » (p. 21-46); Josef H. Reichholf, « L'expression de la beauté versus l'adaptation darwinienne » (p. 47-63); Annabelle Dufourcq, « Ce que l'animal veut dire: Merleau-Ponty et l'analyse du mimétisme chez Portmann » (p. 84-118), in *Phénoménologie de la vie animale* (sous la direction de Florence Burgat et Cristian Ciocan), Bucarest, Zeta Books, 2016.

第3部

第1章

(1) 参照：Yves Dupeux « Ontologie de l'animal, et au-delà », *Lignes*, n. 28, février 2009, p. 93-107. Citation p. 103.「動物に対する形而上学的な憎しみを前にすると、わたしたちは、近似性、類似性、さらにはその動物が結局はわたしたちと同じであることを示す類似性から、その動物を保護せずにはいられなくなる」

(2) 参照：Florence Burgat, *L'humanité carnivore*, Paris, Seuil, 2017.

(3) 『自然契約』（ミッシェル・セール著、及川馥他訳、法政大学出版局）

(4) Quentin Hiernaux, « Pourquoi et comment philosopher sur le végétal? », in *Philosophie végétale*, in *Philosophie du végétal* (sous la direction de Quentin Hiernaux et Benoît Timmermans), Paris, Vrin, « Annales de l'Institut de philosophie de Bruxelles », 2018, p. 17 et p. 20.

(5) Francis Hallé, « Un arbre tout neuf. Trois idées nouvelles au sujet des arbres », *op.cit.*, p. 90.

(6) Claude Lévi-Strauss, entretien avec Jean-Marie Benoist, *Le Monde*, 21-22 janvier 1979, p. 14.

(7) 『遠近の回想　増補新版』（クロード・レヴィ＝ストロース他著、竹内信夫訳、みすず書房）

(8) 同上。

(9) Claude Lévi-Strauss, entretien avec Jean-Marie Benoist, *op.cit.*

(10) 『遠近の回想　増補新版』（クロード・レヴィ＝ストロース他著、竹内信夫訳、みすず書房）

(11) 『構造人類学』（クロード・レヴィ＝ストロース著、荒川幾男訳、みすず書房）

(12) Françoise Armengaud *Réflexions sur la condition faite aux animaux*, Paris, Kimé, 2011, p. 96.「一定の集団に属する者たちは、『けだもののよう』とか『獣性

(14) 『フロイト全集　第22巻』収録「精神分析概説」（ジークムント・フロイト著、渡辺哲夫他編集、岩波書店）
(15) 同上。
(16) Abel-Justin Brion et Henri Ey (sous la direction de), *Psychiatrie animale*, Paris, Desclée de Brouwer, « Bibliothèque de neuro-psychiatrique de langue française », 1964. Henri Ey introduit le volume par « Le concept de "psychiatrie animale". (Difficultés et intérêt de sa problématique) », p. 11–40.
(17) 『意識〈1〉〈2〉』（アンリ・エー著、大橋博司訳、みすず書房）
(18) 同上。
(19) 同上。
(20) 同上。
(21) 同上。
(22) 同上。
(23) 『フロイト全集　第22巻』収録「精神分析概説」（ジークムント・フロイト著、渡辺哲夫他編集、岩波書店）

第6章
(1) 『動物の形態——動物の外観の意味について』（アドルフ・ポルトマン著、島崎三郎訳、うぶすな書院）
(2) 同上。
(3) Raymond Ruyer, « L'expressivité », *Revue de métaphysique et de morale*, n°1, vol. 2, 1995, p. 69.
(4) 同上、p. 79.
(5) 同上、p. 71.
(6) 同上、p. 92.
(7) 同上、p. 97.
(8) 『動物の形態——動物の外観の意味について』（アドルフ・ポルトマン著、島崎三郎訳、うぶすな書院）
(9) 同上。
(10) 同上。
(11) 同上。
(12) 同上。
(13) 参照：Jacques Dewitte, « Adolf Portmann et l'"apparence inadressée" », Prétentaine, n° 14, vol. 15, décembre 2001, p. 221.; Benjamin Berger, « La vie

第4章

(1) Hans Jonas, « Les fondements biologiques de l'individualité », *op.cit.*, p. 259.
(2) Jacques Tassin, *À quoi pensent les plantes?, op.cit.*, p. 119.
(3) Hans Jonas, « Les fondements biologiques de l'individualité », *op.cit.*, p. 264.
(4) 同上。
(5) Erwin Straus, *Du sens des sens, op.cit.*, p. 374-375.
(6) Hans Jonas, « Les fondements biologiques de l'individualité », *op.cit.*, p. 259.
(7) 同上、p. 262.
(8) 同上、p. 263.
(9) Francis Hallé, *Éloge de la plante, op.cit.*, respectivement p. 299 et p. 300.
(10) Helmuth Plessner, *Les Degrés de l'organique, op.cit.*, p. 376.
(11) 同上、p. 377.

第5章

(1) Helmuth Plessner, *Les Degrés de l'organique*, *op.cit.*, p. 378.
(2) 同上、p. 344.
(3) 同上、p. 385.
(4) 同上、p. 385-386.
(5) 『自然哲学――哲学の集大成・要綱〈第2部〉』(フリードリヒ・ヘーゲル著、長谷川宏訳、作品社)
(6) 『ヨーロッパ諸学の危機と超越論的現象学』(エトムント・フッサール著、細谷恒夫他訳、中央公論新社)
(7) Cité par Helmuth Plessner, *Les Degrés de l'organique, op.cit.*, p. 356. (Hans Driesch, *Philosophie des Organischen*, deuxième édition, p. 39-40.)
(8) Francis Hallé, *Éloge de la plante, op.cit.*, p. 100.
(9) Hans Jonas, « Les fondements biologiques de l'individualité », *op.cit.*, p. 265.
(10) Yves Bonnardel, « Quelques réflexions concernant les plantes », in *La Révolution antispéciste* (sous la direction d'Yves Bonnardel, Thomas Lepeltier, Pierre Sigler), Paris, PUF, 2018, p. 122.
(11) 同上、p. 121.
(12) 『意識〈1〉〈2〉』(アンリ・エー著、大橋博司訳、みすず書房)
(13) Maurice Merleau-Ponty, *L'Institution. La passivité. Notes de cours au Collège de France (1954-1955)*, textes établis par Dominique Darmaillacq, Claude Lefort et Stéphanie Ménasé, Paris, Belin, 2003, p. 269.

(19) 同上、p. 405.

(20) 同上。

(21) 同上、p. 407.

(22) Hans Jonas, « Les fondements biologiques de l'individualité », *op.cit.*, n. 157.

(23) Renaud Barbaras, *Introduction à une phénoménologie de la vie*, Paris, Vrin, « Problèmes & controverses », 2008, p. 218.

(24) 同上、p. 217.

(25) 『宇宙における人間の地位』(マックス・シェーラー著、亀井裕他訳、白水社)

(26) Hans Jonas, *Le Phénomène de la vie. Vers une biologie philosophique*, traduit de l'anglais par Danielle Lories, Bruxelles, De Boeck, 2001.

(27) 同上、p. 9, et Hans Jonas, *Évolution et liberté, op.cit.*, p. 26. ヨナスが述べる「連続性」の疑わしさ(意識がある生命の「空間」を開く自発的な動きは物質代謝によっては生まれない)についてはここで議論しないが、ルノー・バルバラスがこれについて真っ向から批判を行なっている。参照:Renaud Barbaras, « La phénoménologie de la vie chez Hans Jonas », *Vie et intentionnalité. Recherches phénoménologiques*, Paris, Vrin, « Problèmes & controverses », 2003, p. 43–54, et dans « Le métabolisme », *Introduction à la philosophie de la vie, op.cit.*, p. 182–230.

(28) Hans Jonas, *Le Phénomène de la vie, op.cit.*, p. 15, et *Évolution et liberté, op.cit.*, p. 29.

(29) Hans Jonas, *Souvenirs*, traduit de l'allemand par Sabine Cornille et Philippe Ivernel, Paris, Payot & Rivages, « Bibliothèque Rivages », 2005, lettre du 31 mars 1944, p. 276.

(30) 同上、p. 273:「この必要性による自己超越化によって、(中略) あらゆる生命の基本的特徴としての志向性が作りだされた」

(31) Hans Jonas, « Évolution et liberté », *op.cit.*, p. 48, et *Le Phénomène de la vie, op.cit.*, p. 94.

(32) 同上、p. 38.

(33) Hans Jonas, « Les fondements biologiques de l'individualité », *op.cit.*, p. 245.

(34) 同上。

(35) 同上、p. 256.

(36) 同上、p. 258.

第3章

(1) 参照：voir l'étude de Véronique Le Ru, *L'Individu dans le monde vivant*, Milan, Mimésis, « Philosophie », 2015.

(2) Helmuth Plessner, *Les Degrés de l'organique, op.cit.*, p. 354.

(3) Jean Dausset, « La définition biologique du soi », in *Soi et non-soi* (sous la direction de Jean Bernard, Marcel Bessis, Claude Debru), Paris, Seuil, 1990; respectivement p. 24 et p. 95.

(4) Jean-Marie Claverie, « Soi et non-soi: un point de vue immunologique », in *Soi et non-soi, op.cit.*, p. 35.

(5) Thomas Pradeu, *Les Limites du soi. Immunologie et identité biologique*, Montréal, Paris, Les presses de l'université de Montréal-Vrin, 2009, p. 32–34, 44 et p. 105.

(6) Anne-Marie Moulin, « La métaphore du soi et le tabou de l'auto-immunité », in *Soi et non-soi, op.cit.*, p. 57.

(7) 『森は考える――人間的なるものを超えた人類学』（エドゥアルド・コーン著、奥野克己他訳、亜紀書房）

(8) Sylvie Pouteau, « Point, ligne et plante: l'être végétal comme expérience de seuil existentiel », in *Les Limites du vivant* (sous la direction de Roberto Barbanti et Lorraine Verner), Bellevaux, éditions Dehors, 2016, p. 352.

(9) オイケイオーシス――ギリシャ哲学ストア派の中核となる概念。「個体に内在する固有の目的としての自分自身との親近化」、および、「自己保存のための行動の志向的実行」と定義される。

(10) 参照：Erwin Straus, *Du sens des sens. Contribution à l'étude des fondements de la psychologie*, traduit de l'allemand par Georges Thinès et Jean-Pierre Legrand, Grenoble, Jérôme Millon, « Krisis », 1989, p. 373.

(11) 同上。

(12) Hans Jonas, « Les fondements biologiques de l'individualité », *op.cit.*, p. 266.

(13) 参照：本書の第1部　第3章の原注 (11)

(14) Raymond Ruyer, « L'individualité », *Revue de métaphysique et de morale*, n° 47, vol. 3, 1940, p. 286.

(15) 同上、p. 299 et p. 300.

(16) 同上、p. 300.

(17) 同上、p. 303.

(18) Raymond Ruyer, « L'individualité » (suite et fin), *Revue de métaphysique et de morale*, n° 47, vol. 4, 1940, p. 389.

(10)　参照：Dragos Duicu: « La téléologie cachée dans la pensée biologique de Uexküll », *Revue de métaphysique et de morale*, n° 101, 2019/1, p. 91-100.
(11)　『生物から見た世界』（ヤーコプ・フォン・ユクスキュル他著、日高敏隆他訳、岩波書店他）
(12)　同上。
(13)　同上。
(14)　同上。
(15)　Jacob von Uexküll, *Théorie de la signification*, Paris, Denoël p. 101.
(16)　同上、p. 102.
(17)　同上、p. 106.
(18)　同上、p. 102.
(19)　Dragos Duicu, « La téléologie cachée dans la pensée biologique de Uexküll », *op.cit.*, p. 100.
(20)　Jacob von Uexküll, *Théorie de la signification*, Paris, Denoël p. 130. この「自然の生命計画」とは、植物においては「意味を示すもの」、動物においては「意味を持つもの」が、有機体にとってこれらの意味に価値を与えるものと一致することを目指すものである。
(21)　同上、p. 102.
(22)　同上、p. 106.
(23)　同上、p. 95.
(24)　同上、p. 107.
(25)　参照：本書の第1部　第3章
(26)　『行動の構造』（モーリス・メルロ＝ポンティ著、滝浦静雄他訳、みすず書房）
(27)　Frederik Buytendijk, *L'Homme et l'Animal, op.cit.*, p. 13.
(28)　同上、p. 22.
(29)　Frederik Buytendijk, *Traité de psychologie animale, op.cit.*, p. 66.
(30)　Helmuth Plessner, *Les Degrés de l'organique, op.cit.*, p. 368.
(31)　同上、p. 368.
(32)　同上、p. 369.
(33)　同上、p. 370.
(34)　『自然哲学——哲学の集大成・要綱〈第2部〉』（フリードリヒ・ヘーゲル著、長谷川宏訳、作品社）

part, traduit de l'allemand par Wolfgang Brokmeier, Paris, Gallimard, « Tel », 1986, p. 346.

(6) Raymond Ruyer, « L'individualité », *Revue de métaphysique et de morale*, juillet 1940, p. 236–304, citation p. 292.

(7) 『言葉と物〈新装版〉——人文科学の考古学』(ミシェル・フーコー著、渡辺一民他訳、新潮社)

(8) 同上。

(9) 同上。

(10) 同上。

(11) Jacques Tassin, *À quoi pensent les plantes?, op.cit.*, p. 55.

(12) 同上、p. 59.

(13) Renaud Barbaras, *Dynamique de la manifestation*, Paris, Vrin, « Problèmes & controverses », 2013, p. 333.

(14) 『創造的進化』(アンリ・ベルクソン著、合田正人他訳、筑摩書房他)

(15) Renaud Barbaras, *Dynamique de la manifestation, op.cit.*, p. 333.

(16) 同上。

(17) 参照：Renaud Barbaras, *Le Désir et la Distance. Introduction à une phénoménologie de la perception*, Paris, Vrin, « Problèmes & controverses », 2006. En particulier, « La perception et le mouvement vivant », p. 103–131.

第2章

(1) Hans Driesch, *La Philosophie de l'organisme*, traduit de l'allemand par Max Kollmann, Paris, Marcel Rivière éditeur, 1921, p. 83.

(2) Helmuth Plessner, *Les Degrés de l'organique, op.cit.*, p. 59.

(3) 同上、p. 353.

(4) Hans Jonas, « Les fondements biologiques de l'individualité », *op.cit.*, p. 265.

(5) Helmuth Plessner, cité par Frederik Buytendijk, *Traité de psychologie animale*, traduit par Albert Frank-Duquesne, Paris, PUF, 1952, p. 21.

(6) Frederik Buytendijk, *L'Homme et l'Animal. Essai de psychologie comparée, op.cit.*, p. 22.

(7) 『生物から見た世界』(ヤーコプ・フォン・ユクスキュル他著、日高敏隆他訳、岩波書店他)

(8) 同上。

(9) 同上。

(10) 『宇宙における人間の地位』(マックス・シェーラー著、亀井裕他訳、白水社)
(11) 同上。
(12) 同上。
(13) 同上。
(14) 同上。
(15) 同上。
(16) 『自然哲学——哲学の集大成・要綱〈第2部〉』(フリードリヒ・ヘーゲル著、長谷川宏訳、作品社)
(17) Francis Hallé, *Éloge de la plante, op.cit.*, p. 324.
(18) ジャック・タッサンによると、アメリカの心理学研究で「自然体験不足障害(NDD)」という精神疾患が発見されたという。これによって、自然と親しむことには精神安定効果があると証明された。
(19) 『孤独な散歩者の夢想』(ジャン=ジャック・ルソー著、今野一雄訳、岩波書店他)
(20) 同上。
(21) 同上。
(22) 同上。
(23) 『空と夢〈新装版〉:運動の想像力にかんする試論』(ガストン・バシュラール著、宇佐見英治訳、法政大学出版局)
(24) 同上。
(25) 同上。
(26) 『嘔吐　新訳』(ジャン=ポール・サルトル著、鈴木道彦訳、人文書院他)

第2部

第1章
(1) 『存在と時間』(マルティン・ハイデッガー著、細谷貞雄訳、筑摩書房他)
(2) 『形而上学の根本諸概念　世界―有限性―孤独』(マルティン・ハイデッガー著、辻村光一他編集、創文社)
(3) 同上。
(4) 『ヒューマニズムについて——パリのジャン・ボーフレに宛てた書簡』(マルティン・ハイデッガー著、渡邊二郎訳、筑摩書房)
(5) Martin Heidegger, « Pourquoi des poètes? » in *Les Chemins qui ne mènent nulle*

(20)　Science & Vie, 2017年12月号の記事タイトル、サブタイトルより抜粋

(21)　例：Catherine Lenne, *Dans la peau d'une plante* (Paris, Belin, 2014),「植物になってみよう」という本書のタイトルは、おそらく編集者が「植物の知られざる生活を赤裸々に暴く」という意図でつけたものだが、内容はいたってまじめである。

(22)　たとえばジャック・タッサンは、フィレンツェ大学付植物ニューロバイオロジー研究所について「フィレンツェ大学に在籍する数名によって推進されている訳のわからない団体」と評し、ステファノ・マンクーゾのベストセラー本については「大衆やメディアがあんな『作り話』にどうして熱狂するのかさっぱりわからない」と述べている。

第７章

(1)　Jacques Tassin, *À quoi pensent les arbres?, op.cit.*, p. 11.

(2)　哲学者のフィリップ・グロゾスによると、植物の生命を手本にすることで、人間は「動物の生命」による支配から解放され、本当の「人間の生命」を見いだせるという。人間は植物を同一視できないがゆえに、すべての観念論的な葛藤から解放されて生命という概念そのものに到達できる。植物独自の特徴（適応性の高さ）によって、人間は動物とは異なる動物になれる。だからこそ、パスカルの「人間は考える葦である」は、隠喩ではなく「思索を称賛することば」として理解されるのだ。植物の生命を手本とし、人間と動物に共通の特徴である「実際の経験」を手放すことで、人間は動物から遠ざかり、動物との存在論的な差異を見いだすことができるのである。(Philippe Grosos, « L'humain: vivant paradoxal, ou l'enjeu d'un modèle oublié » Le Philosophoire, n° 23, automne 2004, p.63-88. Citation p.71).

(3)　『デカルト的省察』（エトムント・フッサール著、浜渦辰二訳、岩波書店他）

(4)　同上。

(5)　『ヨーロッパ諸学の危機と超越論的現象学』（エトムント・フッサール著、細谷恒夫他訳、中央公論新社）

(6)　『宇宙における人間の地位』（マックス・シェーラー著、亀井裕他訳、白水社）

(7)　『生命の認識』（ジョルジュ・カンギレム著、杉山吉弘訳、法政大学出版局）

(8)　同上。

(9)　同上。

(8)　参照：Jacques Tassin, *A quoi pensent les arbres ?*, Paris, Odile Jacob, 2016, p.45.
(9)　『科学史・科学哲学研究〈新装版〉』（ジョルジュ・カンギレム著、金森修訳、法政大学出版局）
(10)　Hans Vaihinger, *La Philosophie du comme si*, traduit de l'allemand par Christophe Bouriau, Paris, Kimé, 2008.
(11)　同上、p. 99.
(12)　参照：François Delaporte, *Le Second Règne de la nature, op.cit.*, p. 41–43.

第6章
(1)　『樹木たちの知られざる生活——森林管理官が聴いた森の声』（ペーター・ヴォールレーベン著、長谷川圭訳、早川書房）
(2)　Peter Wohlleben, *Écoute les arbres parler. À la découverte de la forêt*, traduit de l'allemand par Astrid Monet, Paris, Michel Lafon, 2017.
(3)　『樹木たちの知られざる生活——森林管理官が聴いた森の声』（ペーター・ヴォールレーベン著、長谷川圭訳、早川書房）
(4)　同上。
(5)　同上。
(6)　同上。
(7)　同上。
(8)　同上。
(9)　フィレンツェ大学　農業・食品・環境・林業学部
(10)　『植物は〈知性〉をもっている　20の感覚で思考する生命システム』（ステファノ・マンクーゾ、アレッサンドラ・ヴィオラ著、久保耕司訳、NHK出版）参照：Anthony Trewavas, *Plant Behaviour and Intelligence*, Oxford, Oxford University Press, 2014.
(11)　同上。
(12)　同上。
(13)　同上。
(14)　同上。
(15)　同上。
(16)　同上。
(17)　同上。
(18)　同上。
(19)　同上。

établie par Nathalie Simondon et présentée par Jean-Yves Château, Chatou, La Tranparence, « Philosophie », 2010, p. 199.

(10) 同上、p. 201.

(11) 同上、p. 214.

(12) 同上、p. 209.

(13) 同上、p. 215.

(14) 同上、p. 214.

(15) Arthur Schopenhauer, *De la volonté dans la nature, op.cit.*, p. 125.

(16) フランス民法典515-14条「動物は感覚がある生物である。動物は、動物を保護する法律の留保付きで、財産としての規定に従わされる」

(17) 『人間不平等起源論』(ジャン=ジャック・ルソー著、中山元訳、光文社他)

第5章

(1) Frederik Buytendijk, *L'Homme et l'Animal. Essai de psychologie comparée*, traduit de l'allemand par Rémi Laureillard, Paris, Gallimard, « Idées NRF », 1965, p. 5.

(2) 同上、p. 5-6.

(3) ここでの「植物心理学」の「心理学」とは、古代ギリシャ時代の「自然科学」的な心理学(魂を自然物とする)ではなく、12世紀のアリストテレス的物理学の衰退に伴って登場した「主観性の科学」としての心理学を意味する。参照:『科学史・科学哲学研究〈新装版〉』(ジョルジュ・カンギレム著、金森修訳、法政大学出版局)

(4) 参照:Catherine Lenne, Olivier Bodeau et Bruno Moulia, « Percevoir et bouger: les plantes aussi! », *Pour la science*, n° 348, avril 2014, p. 40-47; et, des mêmes auteurs, « Et pourtant elles bougent! », op.cit., p. 17-23.

(5) 『創造的進化』(アンリ・ベルクソン著、合田正人他訳、筑摩書房他)

(6) Hans Jonas, « Les fondements biologiques de l'individualité », traduit de l'anglais par Danielle Lories, initialement publié en juin 1968 dans *International Philosophical Quartely*, puis en français dans les *Études philosophiques*, XII, vol. 23-24, 1996, p. 99-130. Cette dernière traduction, légèrement modifiée, est reprise *in* Hans Jonas, *Essais philosophiques. Du credo ancien à l'homme technologique*, Paris, Vrin, « Bibliothèque des textes philosophiques », édité par Damien Bazin et Olivier Depré, 2013, n. 1, p. 264.

(7) 同上。

(7) 同上、p. 373.

(8) 同上。

(9) 『創造的進化』（アンリ・ベルクソン著、合田正人他訳、筑摩書房他）

(10) 同上。

(11) 同上。

(12) 同上。

(13) Georges Canguilhem, « Le problème des régulations dans l'organisme et dans la société », *Œuvres complètes*, textes présentés et annotés par Camille Limoges, t. IV, Paris, Vrin, 2015, p. 667.

(14) 『創造的進化』（アンリ・ベルクソン著、合田正人他訳、筑摩書房他）

(15) 同上。

(16) 同上。

(17) 同上。

(18) 同上。

(19) 同上。

(20) Arthur Schopenhauer, *De la volonté dans la nature, op.cit.*, p. 119.

(21) 同上、p. 132.

(22) 『判断力批判』（イマヌエル・カント著、熊野純彦訳、作品社他）

第４章

(1) Monica Gagliano, « Penser comme une plante: perspectives sur l'écologie comportementale et la nature cognitive des plantes », traduit de l'anglais par Hicham-Stéphane Afeissa, *Cahiers philosophiques*, 2018, vol. 2, p. 42-54.

(2) Jean-Marc Drouin, *L'Herbier des philosophes, op.cit.*, p. 195.

(3) 『新版アリストテレス全集　第７巻』収録「魂について」（アリストテレス著、内山勝利他編集、岩波書店）

(4) Pour la science. Hors-série, novembre-décembre 2018, Catherine Lenne, Olivier Bodeau, Bertrand Moulia, « Et pourtant elles bougent! », p. 17.

(5) 『知覚の現象学〈1〉〈2〉』（モーリス・メルロ＝ポンティ著、竹内芳郎他訳、みすず書房）

(6) 『人間知性新論〈新装版〉』（ライプニッツ著、米山優訳、みすず書房）

(7) Jacques Tassin, *A quoi pensent les arbres?*, Paris, Odile Jacob, 2016, p. 45.

(8) 同上。

(9) Gilbert Simondon, *Communication et information. Cours et conférences*, édition

著、長谷川宏訳、作品社）
(8) 同上。
(9) 同上。
(10) 同上。
(11) 『フロイト全集　第19巻』収録「制止、症状、不安」（ジークムント・フロイト著、加藤敏他編集、岩波書店）
(12) Johann Wolfgang von Goethe, *Préliminaires et prolongements, op.cit.*, p. 204.
(13) Arthur Schopenhauer, *De la volonté dans la nature, op.cit.*, p. 117.
(14) 『意志と表象としての世界〈1〉〈2〉〈3〉』（アルトゥル・ショーペンハウアー著、西尾幹二訳、中央公論新社）
(15) 同上。
(16) 同上。
(17) 同上。
(18) Arthur Schopenhauer, *De la volonté dans la nature, op.cit.*, p. 123.
(19) 『意志と表象としての世界〈1〉〈2〉〈3〉』（アルトゥル・ショーペンハウアー著、西尾幹二訳、中央公論新社）
(20) 同上。

第3章

(1) Matthew Hall, dans *Plants as Persons. A Philosophical Botany* (New York, Suny Press, 2011, p. 17), J.-H. Wandersee et E.-E. Schussler dans deux articles: « Preventing Plant Blindness », *American Biology Teacher*, 1999, n° 61, p. 84–86, et « Toward a Theory of Plant Blindness », Plant Science Bulletin, 2001, n° 47, p. 2–9.
(2) 『自然――コレージュ・ド・フランス講義ノート』（モーリス・メルロ＝ポンティ著、松葉祥一他訳、みすず書房）
(3) 『科学史・科学哲学研究〈新装版〉』（ジョルジュ・カンギレム著、金森修訳、法政大学出版局）
(4) Les archives de Georges Canguilhem sont déposées au Caphès (Centre d'archives en philosophie, histoire et édition des sciences), École normale supérieure de Paris. Pour la revue des textes des *Œuvres complètes* et pour la consultation des archives, je remercie respectivement Pierre-Yves Quiviger et Nathalie Queyroux.
(5) Archives Georges Canguilhem, Caphès; carton 10, Toulouse, 1937–1941, 6. « Qu'est-ce que l'individualité? » (1938).
(6) Helmuth Plessner, *Les Degrés de l'organique et l'Homme, op.cit.*, p. 372–373.

Alquié, Paris, Garnier, 1963, p. 77.

(30) Arthur Schopenhauer, *De la volonté dans la nature*, traduit de l'allemand par Édouard Sans, Paris, PUF, 1969, p. 125. 参照：Helmuth Plessner, *Les Degrés de l'organique et l'Homme. Introduction à l'anthropologie philosophique*, traduit de l'allemand par Pierre Osmo, présentation de Didier Guimbail, Paris, Gallimard, « Bibliothèque de philosophie », 2017, p. 359-360.

(31) 『言葉と物〈新装版〉――人文科学の考古学』（ミシェル・フーコー著、渡辺一民他訳、新潮社）

(32) 同上。

(33) 同上。

(34) 『科学史・科学哲学研究〈新装版〉』（ジョルジュ・カンギレム著、金森修訳、法政大学出版局）

(35) 同上。

(36) 同上。

(37) 同上。

(38) 『言葉と物〈新装版〉――人文科学の考古学』（ミシェル・フーコー著、渡辺一民他訳、新潮社）

(39) 同上。

第2章

(1) Georges Canguilhem, « VIE », *Encyclopædia Universalis*, Paris, 1973, vol. 16, p. 806-812, republié dans Georges Canguilhem, *Œuvres complètes*, t. V, Paris, Vrin, 2018, p. 573-606. Citation p. 593.

(2) François Delaporte, *Le Second Règne de la nature, op.cit.*, p. 114.

(3) 同上、p. 74-75.

(4) 参照：Sébastien Vaillant, « démonstrateur des Plantes du Jardin Royal à Paris », discours prononcé lors de l'ouverture du Jardin le 10 juin 1717, recueilli par des étudiants en botanique: « Discours sur la structure des fleurs, leurs différences et l'usage de leurs parties », *Cahiers philosophiques*, 2018, vol. 2, n° 153, p. 82-92 (citation p. 83.).

(5) 『ゲーテ　形態学論集　植物篇』（ヨハン・ヴォルフガング・フォン・ゲーテ著、木村直司訳、筑摩書房）

(6) Johann Wolfgang von Goethe, « Préliminaires et prolongements », in ibid., p. 204.

(7) 『自然哲学――哲学の集大成・要綱〈第2部〉』（フリードリヒ・ヘーゲル

(10) 同上。

(11) Julius von Sachs, *Histoire de la botanique du XVIe siècle à 1860*, traduit de l'allemand par Henry de Varigny, Paris, C. Reinwald et Cie, 1892.

(12) 『ルソー全集　第12巻　植物学についての手紙』(ジャン＝ジャック・ルソー著、海老沢敏他訳、白水社) 収録、1773年4月11日付の手紙

(13) フランソワ・ドラポルトによると、「植物生理学」(植物の機能を研究する学問) という概念が初めて登場したのはカール・フォン・リンネの著書だったという。参照：François Delaporte *Philosophie de la botanique (Le Second Règne de la nature, op.cit.*, p. 26).

(14) 『ルソー全集　第12巻　植物用語辞典のための断片』(ジャン＝ジャック・ルソー著、海老沢敏他訳、白水社)、参照：『孤独な散歩者の夢想』(ジャン＝ジャック・ルソー著、今野一雄訳、岩波書店他)「植物に医薬品や治療法しか求めない習慣のせいで、趣味のよい人たちは植物学には見向きもしなくなった」

(15) 『ルソー全集　第12巻　植物用語辞典のための断片』(ジャン＝ジャック・ルソー著、海老沢敏他訳、白水社)

(16) 『孤独な散歩者の夢想』(ジャン＝ジャック・ルソー著、今野一雄訳、岩波書店他)

(17) 『植物誌〈1〉〈2〉』(テオプラストス著、小川洋子訳、京都大学学術出版会)

(18) 同上。

(19) 同上。

(20) 同上。

(21) Jean-Marc Drouin, *L'Herbier des philosophes, op.cit.*, p. 42.

(22) 『科学史・科学哲学研究〈新装版〉』(ジョルジュ・カンギレム著、金森修訳、法政大学出版局)

(23) 同上。

(24) 同上。

(25) 同上。

(26) 『言葉と物〈新装版〉――人文科学の考古学』(ミシェル・フーコー著、渡辺一民他訳、新潮社)

(27) 同上。

(28) 同上。

(29) René Descartes, *Œuvres philosophiques (1618-1637)*, t. I, édition Ferdinand

(29)　哲学者のフランソワ・ドラポルトによって提示された概念（詳細は下の(30)参照）。

(30)　François Delaporte, *Le Second Règne de la nature. Essai sur les questions de végétalité au xviii*[e] *siècle*, préface de Georges Canguilhem, Paris, Flammarion, 1979, p. 23-75.

(31)　たとえば、ある「界」の生物たちに「意識」がないのは、単に意識が「眠っている」だけとするなど。

(32)　参照：les travaux d'Ernst Zürcher sur la chronobiologie: *Les Arbres entre visible et invisible. S'étonner, comprendre, agir*, préface de Francis Hallé, postface de Bruno Sirven, Nîmes, Actes Sud, 2016, p. 103 et suiv.

第1部

第1章

(1)　『ルソー全集　第12巻　植物用語辞典のための断片』（ジャン＝ジャック・ルソー著、海老沢敏他訳、白水社）

(2)　『ルソー全集　第12巻　植物学についての手紙』（ジャン＝ジャック・ルソー著、海老沢敏他訳、白水社）「何も考えずに名前を書き連ねているわけではない、これは真の学問なんだ」

(3)　『ルソー全集　第12巻　植物用語辞典のための断片』（ジャン＝ジャック・ルソー著、海老沢敏他訳、白水社）、参照：Jean-Marc-Drouin, *L'Herbier des Philosophes*, Paris, Seuil, « Science onrerte », 2008, p. 35-67.

(4)　『ルソー全集　第12巻　植物用語辞典のための断片』（ジャン＝ジャック・ルソー著、海老沢敏他訳、白水社）

(5)　同上。

(6)　同上。« *Gramen myloicophorum carolinianum seu gramen altissimum, panicula maxima speciosa, è spicis majoribus compressiusculis utrinque pinnatis blattam molendariam quodam modo referentibus, composita, foliis convolutus mucronatis pungentibus* ».

(7)　『孤独な散歩者の夢想』（ジャン＝ジャック・ルソー著、今野一雄訳、岩波書店他）

(8)　『ルソー全集　第12巻　植物用語辞典のための断片』（ジャン＝ジャック・ルソー著、海老沢敏他訳、白水社）

(9)　同上。

(10)　『植物の生の哲学』（エマヌエーレ・コッチャ著、嶋崎正樹訳、勁草書房）
(11)　Emanuele Coccia, cité par Catherine Vincent, « L'antispécisme va-t-il trop loin? », *Le Monde*, samedi 30 mars 2018, p. 29.
(12)　参照：『行動の構造』（モーリス・メルロ＝ポンティ著、滝浦静雄他訳、みすず書房）、『デカルト的省察』（エトムント・フッサール著、浜渦辰二訳、岩波書店）、Edmund Husserl, *Les Méditations cartésiennes. Introduction à la phénoménologie*, traduit de l'allemand par Gabrielle Peiffer et Emmanuel Levinas, Paris, Vrin, « Bibliothèque des textes philosophiques », 1969 (Cinquième méditation).
(13)　参照：Étienne Bimbenet, *Le Complexe des trois singes. Essai sur l'animalité humaine*, Paris, Seuil, « L'ordre philosophique », 2017.
(14)　『植物誌〈1〉〈2〉』（テオプラストス著、小川洋子訳、京都大学学術出版会）
(15)　同上。
(16)　同上。
(17)　Francis Hallé, *Éloge de la plante. Pour une nouvelle biologie*, Paris, Seuil, 1999, p. 324.
(18)　Francis Hallé, *Plaidoyer pour l'arbre, op.cit.*, p. 13.
(19)　Jacques Tassin, *À quoi pensent les plantes?*, Paris, Odile Jacob, 2016, p. 120.
(20)　Francis Hallé, *Éloge de la plante,*「形態を知ることで、量的な分析研究以上に重要な情報が得ることができる。（中略）形態学は決して廃れていない」(p. 40).
(21)　『意志と表象としての世界〈1〉〈2〉〈3〉』（アルトゥル・ショーペンハウアー著、西尾幹二訳、中央公論新社）
(22)　同上。
(23)　同上。
(24)　『ゲーテ　形態学論集　植物篇』（ヨハン・ヴォルフガング・フォン・ゲーテ著、木村直司訳、筑摩書房）
(25)　Johann Wolfgang von Goethe, « Objet et méthode de la morphologie », in ibid., p. 71.
(26)　同上、p. 72.
(27)　『生命の認識』（ジョルジュ・カンギレム著、杉山吉弘訳、法政大学出版局）
(28)　同上。

原 注

はじめに

(1) Francis Hallé, *Plaidoyer pour l'arbre*, Nîmes, Actes Sud, 2007, p. 42.「群生する植物は潜在的に不死である。(中略) 木は死ぬ。(中略) だが、木を死なせるのは、風、火、寒さ、病原体、地滑り、森林開発のための伐採などつねに外的要因だ」(p. 43).

(2) Jacques Tassin, *Penser comme un arbre*, Paris, Odile Jacob, 2018:「外的な力を受けて根こそぎになり、幹が折れ、倒壊し、焼かれても、その徹底的な死によって木が死ぬことは決してない」(p. 57).「木の物理的な限界は、実際は力学的なものだ。幹が木全体をどの程度まで支えられるかにかかっている」(p. 62). タッサンは本書で、これまで計測されたなかでもっとも背が高かったのは132.6 m のユーカリの木だとしている。

(3) 同上、p. 57.

(4) Georges Canguilhem, « VIE », *Encyclopædia Universalis*, Paris, 1973, vol. 16, p. 806-812. Article republié dans Georges Canguilhem, *Œuvres complètes*, t. V, Paris, Vrin, 2018, p. 573-606, citations p. 573.

(5) 『森は考える——人間的なるものを超えた人類学』(エドゥアルド・コーン著、奥野克己他訳、亜紀書房)

(6) 参照：Jacques Barrau, « L'homme et le végétal », in Jean Poirier, *Histoire des mœurs*, t. 1, Paris, Gallimard, « Bibliothèque de la Pléiade », 1990, p. 1279-1306; Francis Hallé et Pierre Lieutaghi (sous la direction de), *Aux origines des plantes. Des plantes et des hommes*, Paris, Fayard, 2008.

(7) 参照：本書の第 1 部　第 6 章

(8) 『樹木たちの知られざる生活——森林管理官が聴いた森の声』(ペーター・ヴォールレーベン著、長谷川圭訳、早川書房)

(9) Dominique Lestel, Apologie du carnivore, Paris, Fayard, 2011, p. 47.

Trewavas, Anthony, *Plant Behaviour and Intelligence*, Oxford, Oxford Press University, 2014.

Uexküll (von), Jacob, *Mondes animaux et monde humain*,『生物から見た世界』（ヤーコプ・フォン・ユクスキュル他著、日高敏隆他訳、岩波書店他）

Vaihinger, Hans, *La Philosophie du comme si*, trad. Christophe Bouriau, Paris, Kimé, avec le concours de l'Université Nancy-2 et du CNRS, 2008.

Vaillant, Sébastien, « Discours sur la structure des fleurs, leurs différences et l'usage de leurs parties », *Cahiers philosophiques*, 2018, n° 153, vol. 2, p. 82–92.

Viry, Robert, « Le fonctionnement psychique et ses dérèglements », *in* André Cuvelier (dir.), *Psychisme et intelligence artificielle*, Nancy, Presses universitaires de Nancy, 1992, p. 95–96.

Wandersee, James H. et Schussler, Élisabeth, « Preventing Plant Blindness », *American Biology Teacher*, 1999, n° 61, p. 84–86.

Wandersee, James H. et Schussler, Élisabeth, « Toward a Theory of Plant Blindness », *Plant Science Bulletin*, 2001, n° 47, p. 2–9.

Wohlleben, Peter, *La Vie secrète des arbres*,『樹木たちの知られざる生活――森林管理官が聴いた森の声』（ペーター・ヴォールレーベン著、長谷川圭訳、早川書房）

Wohlleben, Peter, *Écoute les arbres parler. À la découverte de la forêt*, trad. Astrid Monet, Paris, Michel Lafon, 2017.

Zürcher, Ernst, *Les Arbres entre visible et invisible. S'étonner, comprendre, agir*, Nîmes, Actes Sud, 2016.

Saches (von), Julius, *Histoire de la botanique du xvi e siècle à 1860*, trad. Henry de Varigny, Paris, C. Reinwald et Cie, 1892.

Sartre, Jean-Paul, *La Nausée,*『嘔吐　新訳』（ジャン＝ポール・サルトル著、鈴木道彦訳、人文書院他）

Scheler, Max, *La Situation de l'homme dans le monde,*『宇宙における人間の地位』（マックス・シェーラー著、亀井裕他訳、白水社）

Schopenhauer, Arthur, *Le Monde comme volonté et comme repré-sentation,*『意志と表象としての世界〈1〉〈2〉〈3〉』（アルトゥル・ショーペンハウアー著、西尾幹二訳、中央公論新社）

Schopenhauer, Arthur, *De la volonté dans la nature*, trad. Édouard Sans, Paris, PUF, 1969.

Schweitzer, Albert, *La Civilisation et l'Éthique,*『シュヴァイツァー著作集〈第７巻〉』収録「文化と倫理」（アルベルト・シュヴァイツァー著、氷上英廣訳、白水社）

Schweitzer, Albert, *Ma vie et ma pensée,*『わが生活と思想より』（アルベルト・シュヴァイツァー著、竹山道雄訳、白水社）

Serres, Michel, *Le Contrat naturel,*『自然契約』（ミッシェル・セール著、及川馥他訳、法政大学出版局）

Simondon, Gilbert, *Communication et information. Cours et conférences*, Chatou, La Transparence, « Philosophie », 2010.

Stone, Christopher, *Les arbres doivent-ils pouvoir plaider? Vers la reconnaissance de droits juridiques aux objets naturels*, trad. Tristan Lefort-Martine, Lyon, Le passager clandestin, 2017.

Straus, Erwin, *Du sens des sens. Contribution à l'étude des fondements de la psychologie*, trad. Georges Thinès et Jean-Pierre Legrand, Grenoble, Jérôme Millon, « Krisis », 1989.

Tassin, Jacques, *À quoi pensent les plantes?*, Paris, Odile Jacob, 2016.

Tassin, Jacques, *Penser comme un arbre*, Paris, Odile Jacob, 2018.

Taylor, Paul W., « L'éthique du respect de la nature. Les systèmes d'éthique environnementale anthropocentrique et biocentrique », trad. Hicham-Stéphane Afeissa, *in* Afeissa, Hicham-Stéphane (dir.), *Éthique de l'environnement. Nature, valeur, respect*, 2007, p. 111-152.

Théophraste, *Recherches sur les plantes,*『植物誌〈1〉〈2〉』（テオプラストス著、小川洋子訳、京都大学学術出版会）

« Classiques favoris », 2016.
Portmann, Adolf, *La Forme animale,*『動物の形態——動物の外観の意味について』（アドルフ・ポルトマン著、島崎三郎訳、うぶすな書院）
Pouteau, Sylvie, « Point, ligne et plante: l'être végétal comme expérience de seuil existentiel », *in* Barbanti, Roberto et Verner, Lorraine (dir.), *Les Limites du vivant,* Bellevaux, Dehors, 2016, p. 345-362.
Pradeu, Thomas, *Les Limites du soi. Immunologie et identité biologique*, Montréal-Paris, Presses de l'université de Montréal-Vrin, 2009.
Regan, Tom, *Les Droits des animaux*, traduit de l'anglais par Enrique Utria, Paris, Hermann, « L'avocat du diable », 2012.
Reichholf, Josef H., « L'expression de la beauté versus l'adaptation darwinienne », *in* Burgat, Florence et Ciocan, Cristian (dir.), *Phénoménologie de la vie animale,* Bucarest, Zeta Books, 2016, p. 47-63.
Rolston III, Holmes, « Is There an Ecological Ethic? », *Ethics*, 1975, n° 85, p. 93-109.
Rolston III, Holmes, « De la beauté au devoir: esthétique de la nature et éthique environnementale », *in* Afeissa, Hicham-Stéphane et Lafolie, Yann (dir.), *Esthétique de l'environnement. Appréciation, connaissance et devoir*, Paris, Vrin, « Textes clés », 2015, p. 277-310.
Rousseau, Jean-Jacques, *Discours sur l'origine et les fondements de l'inégalité parmi les hommes,*『人間不平等起源論』（ジャン＝ジャック・ルソー著、中山元訳、光文社他）
Rousseau, Jean-Jacques, *Fragments pour un dictionnaire des termes d'usage en botanique, Œuvres complètes,*『ルソー全集　第12巻　植物用語辞典のための断片』（ジャン＝ジャック・ルソー著、海老沢敏他訳、白水社）
Rousseau, Jean-Jacques, *Les Rêveries du promeneur solitaire,*『孤独な散歩者の夢想』（ジャン＝ジャック・ルソー著、今野一雄訳、岩波書店他）
Rousseau, Jean-Jacques, *Lettres sur la botanique,*『ルソー全集　第12巻　植物学についての手紙』（ジャン＝ジャック・ルソー著、海老沢敏他訳、白水社）
Ruyer, Raymond, « L'expressivité », *Revue de métaphysique et de morale*, 1995, n° 1, vol. 2, p. 69.
Ruyer, Raymond, « L'individualité », *Revue de métaphysique et de morale*, 1940, t. XLVII, n° 3, p. 236-304.
Ruyer, Raymond, « "L'individualité" (suite et fin) », *Revue de métaphysique et de morale*, 1940, t. XLVII, n° 4, p. 386-410.

Lévi-Strauss, Claude, *Le Regard éloigné*『はるかなる視線〈1〉〈2〉 新装版』（クロード・レヴィ＝ストロース著、三保元訳、みすず書房）
Lévi-Strauss, Claude, *De près et de loin*『遠近の回想 増補新版』（クロード・レヴィ＝ストロース他著、竹内信夫訳、みすず書房）
Manchev, Boyan, « La liberté sauvage. Hypothèses pour une politique animale », *Lignes*, n° 28, février 2009, p. 77-92.
Mancuso, Stefano et Viola, Alessandra, *L'Intelligence des plantes*,『植物は〈知性〉をもっている 20の感覚で思考する生命システム』（ステファノ・マンクーゾ、アレッサンドラ・ヴィオラ著、久保耕司訳、NHK 出版）
Marder, Michael, Plant-Thinking. *A Philosophy of Vegetal Life*, New York, Columbia University Press, 2013.
Marder, Michael, « Pour un pythocentrisme à venir », trad. Quentin Hiernaux, in Hiernaux, Quentin et Timmermans, Benoît (dir.), *Philosophie végétale*, Paris, Vrin, « Annales de l'Institut de philosophie de Bruxelles », 2018, p. 115-132.
Merleau-Ponty, Maurice, La Nature.『自然――コレージュ・ド・フランス講義ノート』（モーリス・メルロ＝ポンティ著、松葉祥一他訳、みすず書房）
Merleau-Ponty, Maurice, *La Structure du comportement*,『行動の構造』（モーリス・メルロ＝ポンティ著、滝浦静雄他訳、みすず書房）
Merleau-Ponty, Maurice, *L'Institution. La Passivité. Notes de cours au Collège de France (1954-1955)*, textes établis par Dominique Darmaillacq, Claude Lefort et Stéphanie Ménasé, Paris, Belin, 2003.
Merleau-Ponty, Maurice, *Phénoménologie de la perception*,『知覚の現象学〈1〉〈2〉』（モーリス・メルロ＝ポンティ著、竹内芳郎他訳、みすず書房）
Moulin, Anne-Marie, « La métaphore du soi et le tabou de l'autoimmunité », *in* Bernard, Jean, Bessis, Marcel et Debru, Claude (dir.), *Soi et non-soi*, Paris, Seuil, 1990.
Nissim Amzallag, Gérard, *L'Homme végétal. Pour une autonomie du vivant*, Paris, Albin Michel, 2003.
Pascal, Blaise, *Pensées*,『パンセ』（ブレーズ・パスカル著、塩川徹也訳、岩波書店他）
Plessner, Helmuth, *Les Degrés de l'organique et l'homme. Introduction à l'anthropologie philosophique*, trad. Pierre Osmo, Paris, Gallimard, « Bibliothèque de philosophie », 2017.
Pline l'Ancien, *Histoire naturelle*, trad. Émile Littré, Paris, Les belles lettres,

Olivier Depré, 2013, p. 243–266.
Jonas, Hans, *Évolution et liberté*, trad. Sabine Cornille et Philippe Ivernel, Paris, Rivages poche, « Petite Bibliothèque », 2005.
Jonas, Hans, *Souvenirs*, trad. Sabine Cornille et Philippe Ivernel, Paris, Payot & Rivages, « Bibliothèque Rivages », 2005.
Kant, Immanuel, *Critique de la faculté de juger*, 『判断力批判』（イマヌエル・カント著、熊野純彦訳、作品社他）
Kohn, Eduardo, *Comment pensent les forêts. Vers une anthropologie au-delà de l'humain*, 『森は考える——人間的なるものを超えた人類学』（エドゥアルド・コーン著、奥野克己他訳、亜紀書房）
Lanteri-Laura, Georges, « La "psychiatrie animale" et les troubles du comportement chez les animaux », *in* Brion, Abel-Justin et Ey, Henri (dir.), *Psychiatrie animale*, Paris, Desclée de Brouwer, « Bibliothèque de neuropsychiatrie de langue française », 1964, p. 121–134.
Larrère, Catherine, *Les Philosophies de l'environnement*, Paris, PUF, « Philosophies », 1997.
Larrère, Catherine et Larrère, Raphaël, *Penser et agir avec la nature. Une enquête philosophique*, Paris, La Découverte, 2015.
Larrère, Raphaël, « La protection de la nature et les animaux », *Revue semestrielle de droit animalier*, 2016, n° 1, p. 265–276.
Larrère, Catherine, « Qu'est-ce que l'humanisme aujourd'hui? », *Humanité et biodiversité*, 2017, n° 4, p. 50–63.
Leibniz, Gottfried Wilhelm, *Nouveaux essais sur l'entendement humain*, 『人間知性新論〈新装版〉』（ライプニッツ著、米山優訳、みすず書房）
Lenne, Catherine, *Dans la peau d'une plante*, Paris, Belin, 2014.
Leopold, Aldo, *Almanach d'un comté des sables*, trad. Anna Gibson, Paris, Flammarion, 2000.
Le Ru, Véronique, *L'Individu dans le monde vivant*, Sesto San Giovani, Mimésis, « Philosophie », 2015.
Lestel, Dominique, *Apologie du carnivore*, Paris, Fayard.
Lévi-Strauss, Claude, *Anthropologie structurale deux*, 『構造人類学』（クロード・レヴィ＝ストロース著、荒川幾男訳、みすず書房）
Lévi-Strauss, Claude, entretien avec Jean-Marie Benoist, *Le Monde*, 21–22 janvier 1979, p. 14.

『形而上学の根本諸概念　世界—有限性—孤独』（マルティン・ハイデッガー著、辻村光一他編集、創文社）

Heidegger, Martin, *Lettre sur l'humanisme*『ヒューマニズムについて——パリのジャン・ボーフレに宛てた書簡』（マルティン・ハイデッガー著、渡邊二郎訳、筑摩書房）

Heidegger, Martin, « Pourquoi des poètes? » in *Les chemins qui ne mènent nulle part*, trad. Wolfgang Brokmeier, Paris, Gallimard, « Tel », 1986.

Hepburn, Roland, « L'esthétique contemporaine et la négligence de la beauté naturelle », in Afeissa, Hicham-Stéphane et Lafolie Yann (dir.), *Esthétique de l'environnement. Appréciation, connaissance et devoir*, Paris, Vrin, « Textes clés », 2015, p. 41-54.

Hermitte, Marie-Angèle, « Artificialisation de la nature et droit(s) du vivant », *in* Descola, Philippe (dir.), *Les Natures en question*, Paris, Odile Jacob, 2018, p. 257-284.

Hermitte, Marie-Angèle, « NATURE (sujet de droit) », entrée du *Dictionnaire de la pensée écologique*, sous la dir. de Dominique Bourg et Alain Papaux, Paris, PUF, « Quadrige », 2015, p. 688-692.

Hettinger, Ned, « L'objectivité en esthétique environnementale et la protection de l'environnement », in Afeissa, Hicham-Stéphane et Lafolie Yann (dir.), *Esthétique de l'environnement. Appréciation, connaissance et devoir*, Paris, Vrin, « Textes clés », 2015, p. 311-362.

Hiernaux, Quentin, « Pourquoi et comment philosopher sur le végétal? », in Hiernaux, Quentin et Timmermans, Benoît (dir.), *Philosophie du végétal*, Paris, Vrin, « Annales de l'Institut de philosophie de Bruxelles », 2018, p. 11-27.

Husserl, Edmund, *Les Méditations cartésiennes.*『デカルト的省察』（エトムント・フッサール著、浜渦辰二訳、岩波書店他）

Husserl, Edmund, *La Crise des sciences européennes et la phénoménologie transcendantale*,『ヨーロッパ諸学の危機と超越論的現象学』（エトムント・フッサール著、細谷恒夫他訳、中央公論新社）

Jonas, Hans, *Le Phénomène de la vie. Vers une biologie philosophique*, trad. Danielle Lories, Bruxelles, De Boeck, 2001.

Jonas, Hans, « Les fondements biologiques de l'individualité », trad. Danielle Lories, *Études philosophiques*, t. xii, vol. 23-24 (1996), p. 99-130. Republié in Jonas, Hans, *Essais philosophiques. Du credo ancien à l'homme technologique*, Paris, Vrin, « Bibliothèque des textes philosophiques », sous la direction de Damien Bazin et

概説」（ジークムント・フロイト著、渡辺哲夫他編集、岩波書店）
Freud, Sigmund, *Inhibition, symptôme, angoisse*,『フロイト全集　第19巻』収録「制止、症状、不安」（ジークムント・フロイト著、加藤敏他編集、岩波書店）
Gagliano, Monica, « Penser comme une plante: perspectives sur l'écologie comportementale et la nature cognitive des plantes », trad. Hicham-Stéphane Afeissa, *Cahiers philosophiques*, 2018, vol. 2, p. 42–54.
Goethe (von), Johann Wolfgang, *La Métamorphose des plantes*,『ゲーテ　形態学論集植物篇』（ヨハン・ヴォルフガング・フォン・ゲーテ著、木村直司訳、筑摩書房）
Goffi, Jean-Yves, *Le Philosophe et ses animaux. Du statut éthique de l'animal*, Nîmes, éditions Jacqueline Chambon, 1994.
Goffi, Jean-Yves, « "Une bizarrerie que je voudrais bien m'expliquer". Rousseau, botaniste en première personne », in Burgat, Florence et Nurock, Vanessa (dir.), *Le Multinaturalisme. Mélanges à Catherine Larrère*, Marseille, Wildproject, « Domaine sauvage », 2013, p. 42–52.
Goodpaster, Kenneth E., « De la considérabilité morale », trad. Hicham-Stéphane, in Afeissa, Hicham-Stéphane, *Éthique de l'environnement. Nature, valeur, respect*, Paris, Vrin, « Textes clés », 2007, p. 61–91.
Grosos, Philippe, « L'humain, vivant paradoxal, ou l'enjeu d'un modèle oublié », *Le Philosophoire*, automne 2004, n° 23, p. 63–88.
Hall, Matthew, Plants as Persons. *A philosophical Botany*, New York, Suny Press, 2011.
Hallé, Francis, *Éloge de la plante. Pour une nouvelle biologie*, Paris, Seuil, 1999.
Hallé, Francis, *Plaidoyer pour l'arbre*, Nîmes, Actes Sud, 2007.
Hallé, Francis et Lieutaghi, Pierre (dir.), *Aux origines des plantes.* Des plantes et des hommes, Paris, Fayard, 2008.
Hallé, Francis, « Un arbre tout neuf. Trois idées nouvelles au sujet des arbres », in Hiernaux, Quentin et Timmermans, Benoît (dir.), *Philosophie du végétal*, Paris, Vrin, « Annales de l'Institut de philosophie de Bruxelles », 2018, p. 77–90.
Hegel, Friedrich, *Encyclopédie des sciences philosophiques. II, Philosophie de la nature*,『自然哲学——哲学の集大成・要綱〈第２部〉』（フリードリヒ・ヘーゲル著、長谷川宏訳、作品社）
Heidegger, Martin, *Être et temps*『存在と時間』（マルティン・ハイデッガー著、細谷貞雄訳、筑摩書房他）
Heidegger, Martin, *Concepts fondamentaux de la métaphysique. Monde-finitude-solitude*

Jean Laet, 1555.
Driesch, Hans, *La Philosophie de l'organisme*, trad. M. Kollmann, Paris, Marcel Rivière, 1921.
Drouin, Jean-Marc, *L'Herbier des philosophes*, Paris, Seuil, « Science ouverte », 2008.
Dufourcq, Annabelle, « Ce que l'animal veut dire: Merleau-Ponty et l'analyse du mimétisme chez Portmann », *in* Burgat, Florence et Ciocan, Cristian (dir.), *Phénoménologie de la vie animale*, Bucarest, Zeta Books, 2016, p. 84–118.
Duicu, Dragos, « La téléologie cachée dans la pensée biologique de Uexküll », *Revue de métaphysique et de morale*, 2019, n° 101, vol. 1, p. 91–100.
Dunier, Muriel, Le Neindre, Pierre, Larrère, Raphaël et Prunet, Patrick (dir.), *La Conscience des animaux*, Versailles, Quæ, 2018.
Dupeux, Yves, « Ontologie de l'animal, et au-delà », *Lignes*, n° 28, février 2009, p. 93–107.
Dussault, Antoine C., « Welfare, Health, and the Moral Considerability of Nonsentient Biological Entities », *Les Ateliers de l'éthique*, hiver 2018, n° 1, vol. 13, p. 184–209.
Dutrochet, Henri, *Recherches anatomiques et physiologiques sur la structure intime des animaux et des végétaux, et sur leur motilité*, Paris, J.-B. Baillère, 1824.
Edelman, Bernard et Hermitte, Marie-Angèle (dir.), *L'Homme, la nature et le droit*, Paris, Christian Bourgois, 1988.
Ey, Henri, *La Conscience*『意識〈1〉〈2〉』（アンリ・エー著、大橋博司訳、みすず書房）
Ey, Henri, « Le concept de "psychiatrie animale" (difficultés et intérêt de sa problématique) », *in* Brion, Abel-Justin et Ey, Henri (dir.), *Psychiatrie animale*, Paris, Desclée de Brouwer, « Bibliothèque de neuropsychiatrie de langue française », 1964, p. 11–40.
Feinberg, Joel, « Les droits des animaux et les générations à venir », trad. Hicham-Stéphane Afeissa, *Philosophie*, printemps 2008, n° 97, p. 64–90.
Fontenay (de), Élisabeth, « Une communauté de destin », postface à Edelman, Bernard et Hermitte, Marie-Angèle (dir.), L'Homme, la nature et le droit, Paris, Christian Bourgois, 1988, p. 375–385.
Foucault, Michel, *Les Mots et les Choses*『言葉と物〈新装版〉――人文科学の考古学』（ミシェル・フーコー著、渡辺一民他訳、新潮社）
Freud, Sigmund, *Abrégé de psychanalyse*『フロイト全集　第22巻』収録「精神分析

1813.
Canguilhem, Georges, « Le problème des régulations dans l'organisme et dans la société », *Œuvres complètes*, textes présentés et annotés par Camille Limoges, t. IV, Paris, Vrin, 2015.
Canguilhem, Georges, *Études d'histoire et de philosophie des sciences concernant les vivants et la vie*『科学史・科学哲学研究〈新装版〉』（ジョルジュ・カンギレム著、金森修訳、法政大学出版局）
Canguilhem, Georges, entrée « vie » de l'*Encyclopædia Universalis*, Paris, 1973, vol. 16, p. 806-812. Republié dans Canguilhem, Georges, *Œuvres complètes*, textes présentés et annotés par Camille Limoges, t. V, Paris, Vrin, 2018, p. 573-606.
Canguilhem, Georges, *La Connaissance de la vie*『生命の認識』（ジョルジュ・カンギレム著、杉山吉弘訳、法政大学出版局）
Claverie, Jean-Marie, « Soi et non-soi: un point de vue immunologique », *in* Bernard, Jean, Bessis, Marcel et Debru, Claude (dir.), *Soi et non-soi*, Paris, Seuil, 1990.
Coccia, Emanuele, *La Vie des plantes. Une métaphysique du mélange*『植物の生の哲学』（エマヌエーレ・コッチャ著、嶋崎正樹訳、勁草書房）
Commission fédérale d'éthique pour la biotechnologie dans le domaine non humain, *La Dignité de la créature dans le règne végétal. La question du respect des plantes au nom de leur valeur morale*, Berne, 2008.
Cuvier, Georges, *Histoire des progrès des sciences naturelles depuis 1789 jusqu'à ce jour*, Bruxelles, Baudouin frères, 1826 (t. I) et 1838 (t. II).
Dausset, Jean, « La définition biologique du soi », in Bernard, Jean, Bessis, Marcel et Debru, Claude (dir.), *Soi et non-soi*, Paris, Seuil, 1990.
Delaporte, François, *Le Second Règne de la nature. Essai sur les questions de végétalité au xviii e siècle*, préface de Georges Canguilhem, Paris, Flammarion, 1979.
Demogue, René, « La notion de sujet de droit. Caractères et conséquences », *Revue trimestrielle de droit civil*, n° 3, 1909, p. 611-655.
Derrida, Jacques, *De quoi demain...*『来たるべき世界のために』（ジャック・デリダ、エリザベート・ルディネスコ著、藤元一勇他訳、岩波書店）
Descartes, René, *Œuvres philosophiques* (1618-1637), t. I, éd. Ferdinand Alquié, Paris, Garnier, 1963.
Dewitte, Jacques, « Adolf Portmann et l'"apparence inadressée" », *Prétentaine*, n° 14-15, décembre 2001, p. 207-223.
Dioscoride, *De materia medica*, traduit en espagnol d'après la traduction latine, Anvers,

Berleant, Arnold, « L'esthétique de l'art et de la nature », in Afeissa, Hicham-Stéphane et Lafolie, Yann (dir.), *Esthétique de l'environnement. Appréciation, connaissance et devoir*, Paris, Vrin, 2015, « Textes clés », p. 85–113.

Bimbenet, Étienne, *Le Complexe des trois singes. Essai sur l'animalité humaine*, Paris, Seuil, « L'ordre philosophique », 2017.

Bitbol, Michel, *La conscience a-t-elle une origine? Des neurosciences à la pleine conscience: une nouvelle approche de l'esprit*, Paris, Flammarion, « Bibliothèque des savoirs », 2014.

Bodeau, Olivier, Lenne, Catherine et Moulia, Bruno, « Percevoir et bouger: les plantes aussi! », *Pour la science*, avril 2014, n° 348, p. 40–47.

Bodeau, Olivier, Lenne, Catherine et Moulia, Bertrand, « Et pourtant elles bougent! », *Pour la science*, hors-série de novembre-décembre 2018, p. 17–23.

Bonnardel, Yves, « Quelques réflexions concernant les plantes », in Bonnardel, Yves, Lepeltier, Thomas et Sigler, Pierre (dir.), *La Révolution antispéciste*, Paris, PUF, 2018.

Brion, Abel-Justin et Ey, Henri (dir.), *Psychiatrie animale*, Paris, Desclée de Brouwer, « Bibliothèque de neuropsychiatrie de langue française », 1964.

Brunet, Pierre, « Les droits de la nature et la personnalité juridique des entités naturelles en Nouvelle-Zélande: un commun qui s'ignore? », *Giornale di Storia Costituzionale*, 2019, n° 38, vol. 2, 2019, p. 39–53.

Burgat, Florence, *Liberté et inquiétude de la vie animale*, Paris, Kimé, 2006.

Burgat, Florence, *Une autre existence. La condition animale*, Paris, Albin Michel, « Bibliothèque idées », 2012.

Burgat, Florence, *L'Humanité carnivore*, Paris, Seuil, 2017.

Buytendijk, Frederik, *Traité de psychologie animale*, trad. Albert Frank-Duquesne, Paris, PUF, 1952.

Buytendijk, Frederik, « Les catégories fondamentales de l'organisation et de la désorganisation de l'existence animale », *in* Brion, Abel-Justin et Ey, Henri (dir.), *Psychiatrie animale*, Paris, Desclée de Brouwer, « Bibliothèque de neuropsychiatrie de langue française », 1964, p. 113–120.

Buytendijk, Frederik, *L'Homme et l'Animal. Essai de psychologie comparée*, trad. Rémi Laureillard, Paris, Gallimard, « Idées NRF », 1965.

Calicott, John Baird, *In Defense of Land Ethic. Essays in Environmental Philosophy*, New York, Suny Press, 1989.

Candolle, Augustin-Pyrame, *Théorie élémentaire de la botanique*, Paris, Déterville,

参考文献

Aristote, *De l'âme*『新版アリストテレス全集第７巻』収録「魂について」（アリストテレス著、内山勝利他編集、岩波書店）

Armengaud, Françoise, *Réflexions sur la condition faite aux animaux*, Paris, Kimé, 2011.

Arpin, Isabelle, « Entre faire vivre et faire mourir. La pluralité des traitements des animaux dans les espaces protégés français », *Revue semestrielle de droit animalier*, 2016, vol. 1, p. 247-263.

Bachelard, Gaston, *L'Air et les Songes.*『空と夢〈新装版〉：運動の想像力にかんする試論』（ガストン・バシュラール著、宇佐見英治訳、法政大学出版局）

Barbaras, Renaud, *Vie et intentionnalité. Recherches phénoménologiques*, Paris, Vrin, « Problèmes & controverses », 2003.

Barbaras, Renaud, *Le Désir et la Distance. Introduction à une phénoménologie de la perception*, Paris, Vrin, « Problèmes & controverses », 2006.

Barbaras, Renaud, *Introduction à une phénoménologie de la vie*, Paris, Vrin, « Problèmes & controverses », 2008.

Barbaras, Renaud, *Dynamique de la manifestation*, Paris, Vrin, « Problèmes & controverses », 2013.

Barrau, Jacques, « L'homme et le végétal », in Jean Poirier (dir.), *Histoire des mœurs*, t. I, Paris, Gallimard, « Bibliothèque de la Pléiade », 1990, p. 1279-1306.

Beau, Rémi, « écocentrisme », entrée du *Dictionnaire de la pensée écologique*, sous la dir. de Dominique Bourg et d'Alain Papaux, Paris, PUF, « Quadrige », 2015, p. 307-309.

Berger, Benjamin, « La vie comme manifestation chez Raymond Ruyer et Adolf Portmann », *in* Burgat, Florence et Ciocan, Cristian (dir.), *Phénoménologie de la vie animale*, Bucarest, Zeta Books, 2016, p. 21-46.

Bergson, Henri, *L'Évolution créatrice*『創造的進化』（アンリ・ベルクソン著、合田正人他訳、筑摩書房他）

Florence Burgat
Qu'est-ce qu'une plante? Essai sur la vie végétale
© Éditions du Seuil, 2020
Japanese translation rights arranged with EDITIONS DU SEUIL through Japan UNI Agency, Inc., Tokyo

田中裕子（たなか・ゆうこ）
フランス語翻訳家。訳書に、ジャン＝フランソワ・マルミオン編『「バカ」の研究』（亜紀書房）、O・グリューネヴァルト写真、B・ジルベルタ『ORIGINS：原始の地球、創造の40億年を巡る旅』（ポプラ社）、ジャン＝バティスト・マレ『トマト缶の黒い真実』（太田出版）、アラン『幸福論　あなたを幸せにする93のストーリー』（幻冬舎エデュケーション）など。

そもそも植物とは何か

2021年4月20日　初版印刷
2021年4月30日　初版発行

著　者　フロランス・ビュルガ
訳　者　田中裕子
装　幀　岩瀬聡
発行者　小野寺優
発行所　株式会社河出書房新社
〒151-0051　東京都渋谷区千駄ヶ谷2-32-2
電話（03）3404-1201［営業］（03）3404-8611［編集］
http://www.kawade.co.jp/
組　版　株式会社創都
印　刷　モリモト印刷株式会社
製　本　小泉製本株式会社
Printed in Japan
ISBN978-4-309-25422-7
落丁本・乱丁本はお取り替えいたします。
本書のコピー、スキャン、デジタル化等の無断複製は著作権法上での例外を除き禁じられています。本書を代行業者等の第三者に依頼してスキャンやデジタル化することは、いかなる場合も著作権法違反となります。